자녀를 건강하고 올바르게 키우고자 하는

________님께 이 책을 드립니다.

Book Awards

Mom's Choice Silver Award

iParenting Media award
(a Walt Disney Company)

The National Parenting
Center Seal of Approval

Pinnacle Book Award

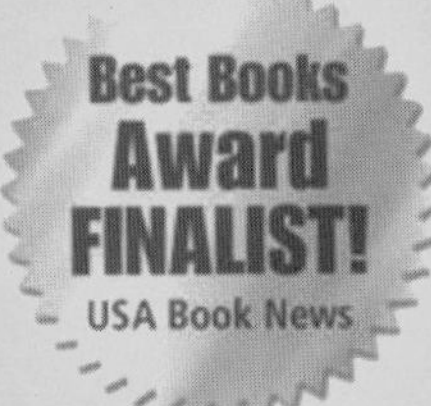

USA Book News
Best Books Award Finalist

The Premier Book
Award

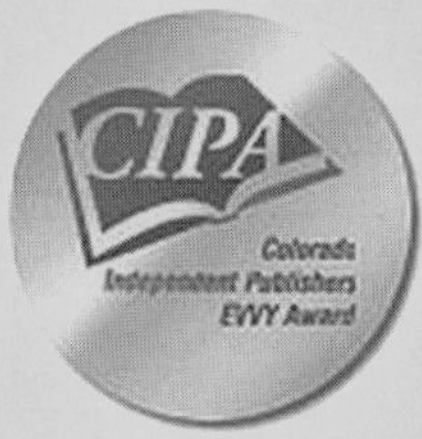

Colorado Independent
Publishers EVVY Award

스마트 패어런팅

7 Skills for Parenting Success

스마트 패어런팅

초판 1쇄 인쇄 | 2011년 1월 5일
초판 1쇄 발행 | 2011년 1월 10일

지은이 | 로리 버달 존슨 · 브라이언 D. 존슨
옮긴이 | 강무섭 · 엄세진
펴낸이 | 김진성
펴낸곳 | 호이테북스
출판등록 | 2005년 2월 21일 제313-2005-000034호

기 획 | 김혜성 · 신용진
편 집 | 김지혜
디자인 | 장재승
관 리 | 김진주

주 소 | 서울시 은평구 증산동 178-14 2층
전 화 | 02-323-4421
팩 스 | 02-323-7753
이메일 | kjs9653@hotmail.com

ⓒ 로리 버달 존슨 · 브라이언 D. 존슨, 2010
값 13,000원
ISBN 978-89-93132-16-8 13590

특별한 내 아이를 위한 성공적인 자녀 교육법!

스마트 패어런팅

7 Skills
for Parenting Success

로리 버달 존슨 · 브라이언 D. 존슨 지음
강무섭 · 엄세진 옮김

차례

1장

첫 번째 비법 - 유대 관계
유대 관계를 이길 것은 아무 것도 없다!

2장

두 번째 비법 - 집중하기
자녀는 부모의 애정과 관심을 먹고 자란다

3장

세 번째 비법 - 조용히 말하기
열린 마음과 건강한 자존감을 갖춘 자녀로 성장시켜라

4장

네 번째 비법 - 규제하기
자녀를 올바르게 키워라

5장

다섯 번째 비법 - 단계적인 교육 계획 수립

책임감과 인내심을 가진 자녀로 키워라

6장

여섯 번째 비법 - 지지과 통제

독립적이면서도 예의 바르고 강인하게 키워라

7장

일곱 번째 비법 - 자녀 관찰
외부 영향을 검토하여 문제가 될 상황을 예방하라

성공적인 자녀 교육을 위한
7가지 비법을 실천하라

요즘같이 빠르고 복잡하게 돌아가는 사회에서 자녀를 훌륭하게 길러내기 위해 부모가 갖추어야 할 기술은 여러 가지가 있다. 그래서 우리는 '현대 사회의 급변하는 교육 환경에서 자녀를 훌륭하게 기를 수 있는 가장 효율적인 방법은 무엇인가?' 라는 주제로 수년간 연구와 임상 실험을 거듭했다.

이 실험은 실제로 자녀를 둔 부모가 아이를 키울 때 가장 중요한 요소가 무엇인지 파악하는 데 중점을 둔 것이었다. 그리고 그간의 노력으로 마침내 이 책을 선보이게 되었다. 우리는 이 책이 현대 사회를 살아가는 당신에게 가장 유용하고 완벽한 지침서가 될 것이라 자신한다.

이 책은 자녀 교육에 관심 있는 사람이라면 누구라도 손쉽게 익힐 수 있는 7가지 비법으로 구성되었다. 자녀를 키우면서 부모가 원하는 성과를 거두기 위해서는 무엇을 어떻게 해야 하고, 이러한 성과를 달성하기 위한 최선의 방법은 무엇인지, 그 과정에서 원하는 성과가 정확히 이루어지고 있는지 확인할 수 있는 방법은 무엇인지, 그렇지 않은 경우에 대안은 무엇인지 이 책은 상세히 알려 주고 있다. 그런 점에서 기존에 출간된 자녀 교육서와는 확연한 차이가 있다.

아울러 당신의 이해를 돕기 위한 풍부한 예를 담았다. 책장을 넘기다 보면 이 책에서 전달하고자 하는 성공적인 자녀 교육의 비법이 결코 복잡하거나 거창한 것이 아니라 일상에서 실천에 옮길 수 있는 매우 간단하면서도 실용적인 것임을 깨닫게 될 것이다.

그리고 이 책의 주요한 특징은 자녀의 행동에 올바르게 대처하는 방법과 원하는 목표치에 대한 중간 점검을 해볼 수 있다는 데 있다. 마지막 장을 덮을 때쯤이면 당신은 자녀 교육이라는 것이 지금까지 생각한 것만큼 힘든 일이 아니라는 것을 알게 될 것이다.

이 책을 읽는 독자 중에는 이제 2세 계획을 세우는 예비 부모도 있고 이미 사춘기에 접어든 자녀를 둔 부모도 있을 것이다. 또한 자녀의 교육에 대해서 아무런 문제도 없다고 생각하지만 몇 가지 의문점이 있거나, 반항적인 자녀 때문에 애를 태우는 부모도 있을 수 있다. 다행히도 이 책에서 소개하는 7가지 비법은 특정 연령대의 아이를 가진 부모에게 한정된 것이 아니라, 다양한 연령대의 자녀를 둔 이 세상 모든 부모에게 공통적으로 적용될 수 있다.

그리고 만약 자녀를 위한 최선의 방법이 무엇인지 알고 있는 부모라면 이 책은 그동안 자신이 지녀 온 교육관을 확고히 할 수 있는 소중한 기회가 될 것이다. 그러나 그렇지 않더라도 걱정할 필요는 없다. 당신이 어떠한 성향, 어떠한 연령대의 자녀를 두었든 이 책의 충고를 충실히 따르기만 한다면, 당신의 자녀와 함께하는 삶이 더욱 편안하고 충만해지는 것을 느낄 수 있기 때문이다.

일반적인 자녀를 둔 부모든 행동 장애나 학습 장애 등 조금은 특수한 상황에 처한 자녀를 둔 부모든 자녀 교육의 목적은 똑같다. 모든 부모는 자녀가 건전한 정신과 육체를 바탕으로 책임감 있고 진취적이며, 독립적인 성인으로 성장하기를 바란다. 그래서 이 책에서는 화난 자녀를 달래는 법부터, 전문가의 도움을 필요로 하는 다양한 문제까지 자녀 교육에서 발생할 수 있는 전반적인 문제들에 대한 해법을 제시하고 있다.

그러나 자녀 교육 전반에서 발생할 수 있는 문제에 대한 해법을 제시하기에 앞서, 다른 자녀 교육서에서 흔히 간과하는 가장 중요한 요소를 짚고 넘어가고자 한다. 그것은 바로 부모와 자녀간의 건강한 유대 관계이다. 그래서 성공적인 자녀 교육의 첫 번째부터 세 번째까지의 비법에서는 자녀와 부모가 건강한 유대 관계를 생성하거나, 회복하거나, 강화해 나가는 방식과 함께 부모의 스트레스를 줄일 수 있는 방법에 대해 살펴볼 것이다.

그리고 성공적인 자녀 교육의 네 번째부터 여섯 번째까지의 비법에서는 자녀 교육을 위한 최고의 방법을 제시하고자 한다. 아울러 마지막 일곱 번째 비법에서는 자녀 교육 방식을 단번에 망칠 수 있는 외부 영향력을 감독하여 조절하는 최신 자녀 교육 기법의 동향을 소개하고자 한다.

자녀 교육은 세상에서 가장 고귀한 의무이다. 이처럼 고귀한 의무를 수행한다는 것만으로도 이 세상 모든 부모는 존경을 받아야 한다. 부모로서 살아간다는 것은 결코 생각만큼 무시무시하고 끔찍한 일이 아니다. 이 책에서 소개하는 기술들을 깨닫고 익힌다면 자녀를 행복하게 성장시키는 데 꼭 필요한 요소가 무엇인지 당신은 알게 될 것이다.

그러기 위해서는 우선, 자녀에게 필요한 것이 무엇인지 알고 있다는 아집부터 버려야 한다. 가지고 있던 것을 버리는 순간 우리는 새로운 것을 얻을 수 있다. 자녀와 함께 새로운 것을 익히고 시도해 보는 가운데 진정한 의미의 행복을 깨닫게 될 것이다.

자, 그렇다면 이제 우리 아이를 세상에서 가장 훌륭한 아이로 키워낼 성공적인 자녀 교육 비법에 대해서 본격적으로 알아보자.

자녀의 미래는
부모의 손에 달려 있다

우리 모두는 부모가 되는 순간 자신의 이름 외에 누구의 아버지, 누구의 어머니라는 새로운 직함 하나를 받아들게 된다. 그리고 이 새로운 직함에 경이로움과 감사를 느끼게 된다. 하지만 그와 함께 자녀가 커가면서 아이들의 교육을 어떻게 해야 할 것인가로 고민하지 않을 수 없다. 어쩌면 이것은 아이들을 키우는 부모에게는 영원한 화두이다.

그렇다면 정작 이 문제에 대해 속 시원히 답할 수 있는 부모는 과연 얼마나 될까? 그리 많지 않을 것이다. 그리고 만약 답이 나온다고 해도 엄청나게 다양한 제각각의 답이 나올 것이다. 사실 자녀 교육의 영역은 대단히 포괄적이고, 다양하다. 아이의 습관, 정서, 신체, 학습 등 생활의 모든 영역에 걸쳐 자녀 교육은 연관되어 있다.

그래서 부모들은 그 문제에 대해서 어려움을 느끼거나 난감해 하기 일쑤다. 그만큼 부모들이 해야 할 일과 영역의 범위가 넓기 때문이다. 그래서 오히려 이러한 요인들이 자녀 교육의 영역을 학습이라는 좁은 분야로 국지화시키는 데 일조했는지도 모른다.

우리는 최근 학교의 현장에서 일어나는 문제를 언론에서 접하면서 정작 자녀 교육의 현실에 대해 심각한 고민을 하지 않을 수 없었다. 그들의 탈선과 범죄들이 연일 신문과 언론을 장식하는 모습에서 비탄을 금할 길이 없었다. 아이들이 점점 자신들이 가야 할 선로를 이탈해 가고 있기 때문이었다. 많은 아이들이 정서적으로 불안하고, 스트레스를 가지고 살아가고 있다. 그리고 이렇게 된 근본적인 원인은 어쩌면 어른인 우리들의 책임일지도 모른다.

이 책을 찾아내 번역하게 된 것은 바로 이러한 현실을 목도하면서 이에 대한 궁극적인 대책으로 가정에서 제대로 된 자녀 교육이 필요하다는 생각 때문이었다. 사실 가정은 다른 어떠한 사회나 집단보다 중요한 역할을 한다. 2차 사회와 달리 가정은 사랑과 정이라는 감성과 정서의 보금자리이다. 그리고 사회화를 가르치고 배우는 첫 번째 교육장이자 부모가 살아 있는 내내 자녀들이 배울 수 있는 평생 교육장이다. 따라서 가정에서 제대로 된 자녀 교육을 하지 않으면 학교 교육은 아무 의미가 없다.

부모는 자녀들에게 있어 최고의 스승이자, 최장 기간 근무하는 스승이다. 하지만 현실적으로 너무 바쁜 부모들로 인해 가정에서의 자녀 교육은 부재 상태에 빠진 지 오래다. 간혹 가정에서 자녀 교육을 할라 치더라도 엄청나게 급변하는 현실에 맞는 새로운 방식의 자녀 교육법을 찾는 것도 쉽지 않다. 또한 지금의 아이들에게 과거의 자녀 교육법이라는 잣대를 들이댈 수도 없다.

그래서 많은 부모들이 그로 인해 스트레스를 받고 있으며, 자녀 교육이 너무나 어렵다고 하소연을 한다. 게다가 검증되지 않고 일관되지 않은 수많은 자녀 교육법들은 부모와 아이들 모두에게 혼란만 가중시키고 있다.

이러한 현실에서 이 책은 그러한 부모들에게 단비와도 같다. 자녀 교육에 관한 전반의 과정들을 언급하고 있는 데다 말랑말랑하고 현실에서 적용 가능한 수많은 사례와 대처법들이 녹아 있기 때문이다. 게다가 7가지로 자녀 교육의 핵심을 짚어내고 있어, 부모들에게 자녀 교육의 다양성이 주는 어려움을 해결할 수 있는 단초를 제공하고 있다.

저자들은 이 책을 쓰기 위해 수많은 자녀 교육법들을 검증하고, 상담을 통해 이를 확인한 후 집필을 했다고 한다. 그리고 자신들의 자녀들에게 이를 직접 활용해 교육을 했다고 한다. 아마 이 책이 가진 현실감이라는 미덕은 바로 그것 때문에 가능했으리라 생각된다.

많은 부모들이 이 책을 읽고 아이들과 유대 관계를 구축하고, 대화를 나누고, 지지와 통제를 하며, 관리를 해보기를 바란다. 그렇게 되면 자녀 교육에 대한 스트레스에서 벗어나 아이들을 원만한 성인으로 키우리라 확신한다. 아이들이 바로 서야 우리의 미래가 밝을 수 있다. 아이들이 바로 우리의 미래이기 때문이다.

강무섭 · 엄세진

1장

첫 번째 비법

유대 관계

유대 관계를 이길 것은 아무 것도 없다!

01

유대 관계부터 구축하라

__ 유대 관계 없는 자녀 교육은 없다

"어렸을 적에는 말도 잘 듣고 얼마나 착했는지 몰라요. 눈에 넣어도 아프지 않을 정도였으니까요. 그런데 품 안의 자식이라더니, 요즘에는 아예 대놓고 욕까지 한다니까요. 매일 밖으로만 떠돌고, 무슨 사고라도 치는 게 아닌지. 말이라고는 통 들어 먹지를 않아요. 도대체 어쩌다 이 지경이 됐는지 알 수가 없어요."

이는 부모를 상담하는 필자에게 한 엄마가 한 말이다. 이와 같은 엄마의 절절한 고백이 필자에게는 결코 남의 이야기로만 들리지는 않는다. 반면에 최근에는 이런 이야기를 하는 엄마도 있었다.

"정말이지 나무랄 데가 없어요. 세상 어디에 내놔도 꿀릴 게 없을 정도죠. 이런 게 바로 자식 키우는 행복인가 봐요. 아마 아이가 자라서 독립하더라도 우리 사이는 항상 지금 처럼 좋을 거예요."

그렇다면 도대체 이 두 엄마의 차이는 무엇일까? 부모가 자녀의 교육에 끼치는 영향력에 대해서 부정할 사람은 아마 아무도 없을 것이다. 두 엄마는 모두 자녀를 사랑하고 있다. 그러나 급변하는 현대 사회에서 자녀를 훌륭하게 키우기 위해서는 몇 가지 기술이 필요하다. 물론 이러한 기술을 익히는 시기는 빠르면 빠를수록 좋다. 하지만 늦었다고 해서 포기하거나 낙담하지 말고 이 책에서 소개하는 비법들을 익혀 보기 바란다.

이쯤에서 당신에게 깜짝 놀랄 사실을 하나 밝히겠다. 그것은 바로 앞의 두 엄마가 같은 사람이라는 사실이다. 앞의 것은 이 책을 읽기 전에, 뒤의 것은 이 책을 읽고 난 후에 한 말이다. 이 말을 한 엄마는 자신과 자녀를 위해 스스로의 삶을 완전히 바꾸는 데 성공했다. 사실 의지만 있다면 누구라도 성공적인 부모가 되기 위한 비법을 익힐 수 있다.

하지만 '자녀를 어떻게 키워야 할까?'라는 문제에 관해 수많은 정보와 답변을 접하다 보면 그 안에서 균형을 잃기 쉽다. 친정 부모님의 말을 들으니 이렇고, 친구의 말을 들으니 저렇고 도대체 누구의 말을 들어야 할지 알 수 없기 때문이다. 전문가의 말도 혼란스럽기는 매 한가지다.

산부인과 의사인 아내와 아동 심리학자이자 대학 교수인 필자가 갓 결혼했을 때, 우리는 우리 아이가 다른 아이들처럼 평범하게 자라기는 힘들 것이라는 농담을 했었다. 하지만 우리 두 아이는 이러한 걱정에도 불구하고 행복한 십대로 성장해 주었다. 결론적으로 우리도 일곱 가지 비법의 덕을 톡톡히 보았다고 말할 수 있다.

물론 이 책에는 자녀 교육에 관한 비법들 가운데 전문적인 연구와 지식을 토대로 실질적인 효과가 증명된 방법도 있다. 그러나 이러한 자녀 교육법을 실전에 어떻게 적용할 것인지 알아보기 전에, 먼저 당신은 당신 스스로에 대해 알아볼 필요가 있다. 궁극적으로 성공적인 자녀 교육의 비법은 바로 부모가 쥐고 있기 때문이다.

하지만 여행이나 운동 경기를 시작하기 전에 준비가 필요하듯, 부모가 되는 데도 철저한 대비가 필요하다. 아직 마음의 준비를 마치지 못했다면, 본격적인 내용을 살펴보기 전에 시작하는 글을 다시 한 번 읽어 보는 것도 좋은 방법이다.

우리가 조사한 바에 따르면 자녀 교육에서 가장 필수적인 요소는 바로 부모와 자녀간의 강한 유대 관계이다. 따라서 자녀 교육을 한다는 것은 자녀와의 관계를 가로막을 수 있는 요소를 올바르게 처리하여 자녀와 건강한 유대 관계를 가지는 것을 의미한다. 그렇다면 자녀와의 유대 관계가 왜 중요한 것일까.

__ 유대 관계는 자녀의 문제 행동을 예방한다

부모와 건전한 유대 관계를 맺고 있는 아이는 그렇지 못한 아이들보다 훨씬 더 행복하다. 게다가 부모 입장에서도 불행한 자녀를 기르는 것보다는 행복한 자녀를 기르는 편이 훨씬 더 수월하다. 그렇다면 자녀를 정말 행복하게 만드는 것은 무엇일까? 바로 자기를 아끼고 사랑해 주는 부모와 함께 안전하고 큰 어려움 없이 생활하는 것이라고 할 수 있다. 그리고 이렇게 사랑이 넘치는 가족 안에서 자란 자녀는 정서적으로 건강한 성인으로 성장하게 된다.

필자에게 상담을 하는 많은 부모들은 자녀에게 어떻게 행동하는 것이 올바른 일인지 가르치는 것을 가장 힘든 일들 중 하나로 꼽곤 한다. 즉, 서로에게 친밀감을 느껴야 부모도 자녀를 가르치기가 훨씬 더 수월하고 자녀 역시 부모의 가르침을 받아 훌륭하게 자라기 마련이라는 진리를 그들은 알지 못하고 있었던 것이다.

그리고 조사 결과, 부모와 자녀가 친밀한 유대 관계를 맺고 있는 경우에는 자녀가 문제 행동을 일으킬 확률이 실제로 극히 낮은 것으로 나타났다. 왜냐하면 부모와 친밀한 유대 관계를 맺고 있는 자녀는 부모의 기대치에 민감하게 반응하며 부모를 만족시키기 위해 노력하기 때문이다.

그러므로 부모는 잔소리를 늘어놓을 필요가 없다. 그리고 설령 그런 경우가 생기더라도 그 효과가 훨씬 오랫동안 지속되기 마련이다. 따라서 자녀와의 유대 관계를 강화하는 데 들이는 시간과 노력은 행복한 미래를 위해 꼭 필요한 필수조건이라 할 수 있다.

__ 자녀와의 친밀도를 확인하라

그렇다면 정작 당신은 자녀와의 유대 관계를 어떻게 확인할 수 있을까? 아래 언급한 내용들은 부모와 자녀간의 이상적인 관계에 대한 예시이다. 이 내용을 읽고 자신의 경우와 비교해 보기 바란다.

- 자녀와 자주 대화하고 이러한 대화가 친숙하게 느껴진다.
- 당신과 자녀 모두 언제든 필요할 때 서로 곁에 있어 줄 것이라고 믿는다.

- 함께 있으면 편안하고 안정된 기분이 든다.

- 자녀는 당신이 자신을 위해 최선의 선택을 해주리라 믿는다.

- 자녀를 혼내더라도 평상심을 유지한다.

- 자녀는 당신의 말과 행동에 신뢰를 가지고 있다.

- 자녀가 성인이 된 이후의 관계를 서로가 기대하고 있다.

- 당신과 자녀는 서로를 존중한다.

- 당신과 자녀는 서로에게 관심을 기울인다.

- 자녀는 자신이 두려워하거나 신경 쓰는 일에 부모가 적절히 대응할 것이라고 믿고 있다.

- 당신과 자녀는 서로가 함께 보내는 시간을 즐겁게 여긴다.

- 당신과 자녀는 서로가 좋아하거나, 싫어하거나, 두려워하거나, 절친하게 느끼는 대상에 대해 알고 있다.

- 당신과 자녀는 서로 아끼고 위한다.

- 자녀는 당신이 자신의 행동에 정당한 평가를 할 것이라는 믿음을 가지고 있다.

- 당신은 집 안팎에서 자녀를 똑같이 대한다.

만약 위의 내용들에 자신있게 답할 수 없거나 자녀에게 그 내용을 물었을 때, 긍정적인 대답이 돌아오지 않는다면 둘 사이의 유대 관계에는 뭔가 문제가 있다고 할 수 있다. 그렇다면 그 유대 관계를 회복하기 위한 것이 자녀 교육의 시작이 되어야 함은 너무나 당연하다.

02

잘못된 기대치는 자녀 교육을 망친다

__ 자녀 교육에 관한 조언은 왜 통하지 않는가?

이 글을 읽고 있는 당신은 이미 전문가의 조언을 구했거나 자녀 교육에 관한 책을 탐독했을 수도 있다. 그러나 이런 정보들이 반드시 성공적인 결과를 보장하는 것은 아니다. 그렇다면 애써 구한 자녀 교육에 대한 조언과 책의 내용들이 무용지물이 되는 이유는 무엇일까.

첫 번째 이유는 당신이 그러한 일을 할 수 있다는 사실을 믿지 않거나 결과를 확신하지 않으며, 심지어는 시도조차 하지 않기 때문이다. 어쩌면 시도할 필요조차 느끼지 못하고 있는지도 모른다. 혹은 남들 눈에야 어떨지 모르지만 스스로가 생각하기에는 사태가 그리 심각하게 여겨지지 않기 때문인지도 모른다.

당신은 어쩌면 자녀들의 나쁜 행동이 시간이 흐르면서 저절로 나아지기를 바라고 있는지도 모른다. 혹은 자존감이나 공포 또는 당혹스러움 때문에 행동을 주저하고 있는지도 모른다. 어쩌면 기진맥진해서 될 대로 되라는 심정인지도 모른다. 하지만 최악의 사태는 바로 이런 때 일어난다.

두 번째 이유는 당신이 자신에게 주어진 정보나 조언에 충실치 못하다는 것을 전혀 깨닫지 못하기 때문이다. 일반적으로 부모들은 자신이 자녀에게 어떤 행동을 하고 있는지 명확히 깨닫지 못하는 경우가 많다. 바쁘기 때문이다!

사실 부모로 산다는 것은 정말 힘든 일이며, 엄청난 인내심을 요구한다. 게다가 자녀를 기르다 보면 만감이 교차하기도 한다. 그래서 부모들은 때때로 자신이 무슨 생각을 하고 있었는지, 무슨 일이 벌어졌는지 제대로 기억하지 못한다. 따라서 이럴 때는 더욱 객관적인 파악을 위해 자신이 남들에게 어떻게 보이는지 확인해 볼 필요가 있다.

세 번째 이유는 바로 이 세상 모든 부모가 가지고 있는 보호 본능 때문이다. 이 세상 모든 부모는 본능적으로 자신의 자녀를 보호하려는 경향을 지닌다. 그래서 자녀가 사람들로부터 눈총을 받지 않을까 두려워 자신이 스스로 자녀의 문제점을 고쳐 주려는 경향을 보이는 것이다. 그리고 그와 함께 부모들은 자녀를 위해 자신이 하는 행동에 대해서도 방어 본능을 보인다.

사람은 누구나 자신이 올바른 행동을 하고 있다는 것을 다른 사람들에게 인정받고 싶어 한다. 직장에서라면 자신의 행동이 사람들의 호응이나 실적으로 이어지면 승진도 하고 봉급도 올라가기 때문에 받아들이게 마련이다. 하지만 일상생활 속에서는 자신에게 직접적인 도움이 되지 않는 말은 비난으로 받아들이기 일쑤다.

이 같은 성향은 자녀 교육에서도 마찬가지이다. 따라서 좋은 부모가 되기 위해서는 남들이 자신을 더 잘 알고 있는 경우도 있으며, 더 좋은 개선책을 가질 수 있다는 사실부터 인정해야 한다. 자신을 있는 그대로 들여다보고, 스스로를 개선해 나가려는 노력은 비단 부모만이 아니라 자신의 분야에서 성공을 꿈꾸는 사람이라면 누구에게나 필요하다.

__ 자녀의 발달 단계별 기대치를 세워라

모든 부모는 자녀가 자신의 말에 순종하기를 바란다. 하지만 그러한 기대는 금물이다. 세상에 완벽한 자녀는 없다. 아무리 훌륭한 가정에서 아무리 훌륭한 교육을 받고 자란 자녀일지라도 부모의 말을 모두 귀담아 듣지는 않기 때문이다. 오히려 아동기에 순종하기만을 강요받은 자녀들은 십대가 되면서 더욱 격렬한 사춘기를 맞는다.

그와 더불어 정신적으로나 육체적으로 성숙하지 않은 자녀에게 거는 지나친 기대는 도리어 스트레스를 불러 일으켜 자녀에게 부정적 영향을 끼칠 뿐만 아니라 올바른 성장까지 저해한다. 또한 자녀에게 현실적인 기대치를 품는 것만큼 당신 자신에게도 현실적인 기대치를 품는 것 역시 중요하다.

그렇다면 좋은 부모란 어떤 부모일까? 먼저 부모는 자녀를 사랑하고 자녀와 친밀한 관계를 형성하기 위해 노력해야 한다. 그리고 자녀를 정신적·육체적으로 학대하거나 방치하지 않으며, 늘 새로운 것을 받아들이려 노력하며, 실수를 했을 때는 자신의 잘못을 깨닫고 두 번 다시 같은 실수를 반복하지 않으려는 노력을 기울여야 한다.

아울러 좋은 부모는 자신의 행동이 자녀에게 끼칠 영향에 대해 염려하며, 자신의 문제로 인해 자녀의 삶이 방해받지 않도록 해야 한다. 그렇게 본다면 좋은 부모란 자신을 스스로 돌볼 수 있는 부모를 의미하기도 한다.

그렇다면 좋은 부모로서 자녀의 나이에 맞는 적절한 기대치를 가지려면 어떻게 해야 할까. 그러기 위해서는 우선 자녀가 어떠한 발달 단계에 와 있는지 파악할 필요가 있다. 가령, 네 살배기 자녀에게 설거지나 다용도실 청소 등을 기대하는 것은 무리이다. 네 살배기 자녀의 몸과 마음은 그 정도의 노동을 할 만큼 적합하게 성장해 있지 않기 때문이다.

다음의 표는 발달 단계별로 합리적인 기대치에 대해 말하는 표이다.

	1세 이하	1세	2세	3세	4세	5세	6세	7세	8세	9세
쓰레기 버리기									O	
규칙 지키기								O	O	

여기서 회색으로 표시된 연령부터는 해야 할 일을 연습하는 것이 가능하다는 것을 의미한다. 아직 그 연령이 되지 않는 어린 자녀에게 높은 기대치를 품는 것은 좋지 않다. 자녀는 일반적으로 빠르면 5세에서 6세, 늦으면 7세에 이르러서야 가사를 돕는 것으로 알려져 있으며, 7세가 넘었다고 하더라도 가사를 돕지 못하는 경우도 있다.

O로 표시한 연령부터는 주어진 일을 확실히 수행할 수 있는 나이다. 그러므로 8세 이상의 자녀는 부모가 알려 주는 대로 쓰레기를 버릴 수 있게 된다. 그리고 이는 만약 8세 이상된 당신의 자녀가 쓰레기를 처리하지 못한다면, 전문가의 도움을 받는 것이 좋다는 뜻이기도

하다.

  연령에 따른 발달 단계별 기대치에 대해 알고 싶은 독자는 제일 뒤에 있는 〈부록〉의 표를 참고하기 바란다. 물론 자녀의 기질이나 성향에 따라 발달 수준에 약간의 차이가 있을 수는 있다. 그러나 연령에 따른 발달 단계별로 기대치를 세우는 것은 자녀를 스트레스 없이 건강하게 성장시키기 위한 필수 요건이자 성공적인 자녀 교육을 위한 비법이다.

03

어른들의 문제가 자녀 교육을 망친다

__ 스트레스도 자녀 교육의 일부다

부모가 된다는 것은 사람이 살아가며 겪게 되는 무수한 일들 중 가장 멋진 일임에 틀림없다. 하지만 부모가 되어 본 사람이라면 자녀 교육에서 오는 스트레스를 부정하는 이도 없을 것이다. 이렇게 부모가 스트레스를 받게 되면 자녀와의 의사소통이 힘들어지고, 자제력을 잃게 마련이다. 그렇게 되면 자녀는 부모가 자신에게 무엇을 원하는지 파악하기가 어려워진다. 특히 자녀의 잘못된 행동으로 스트레스를 받은 부모는 평상심을 유지하기가 더 어렵다.

그렇다면 자녀는 왜 하필이면 부모가 스트레스를 받았을 때 더욱 최악의 행동을 하는 것일까? 보통 부모와 친밀한 유대 관계를 유지하고 있는 자녀는 부모가 곤경에 처했을 때 이를 곧 알아차리고 도우려고 노력한다. 그러나 부모와 유대 관계가 없는 자녀들은 오히려 부모를 더욱 자극하여 자신을 궁지에 몰아넣는 경향이 있다.

사실 스트레스를 줄이는 것은 부모로서의 삶을 편안하게 누리기 위한 유일한 해결책이다. 이 책에서 소개하는 일곱 가지 비법을 익히는 것만으로도 당신은 스트레스를 줄일 수 있을 것이다. 그 전에 우선 다음의 한두 가지만 골라 실행에 옮겨 보자.

- 자녀와 함께하는 활동을 줄여 삶을 단순화한다.
- 인간관계나 일로 인한 고민을 상담해 줄 전문가를 만난다.
- 친구와 가족에게 도움을 구하고, 도움의 손길을 기꺼이 받아들인다.
- 일주일에 두세 번씩 운동을 한다.
- 명상이나 기도를 습관화한다.
- 전적으로 나만을 위한 시간을 갖는다.
- 자주 웃으려 노력한다.
- 집안을 정리 · 정돈하고 깨끗한 상태에서 휴식을 취한다.
- 정기적으로 가족 모임을 한다.

__ 회피한다고 해결되는 것은 없다

그렇다면 이제 성공적인 자녀 교육을 가로막는 가장 큰 요인인 '회피하는 습관'에 대해 알아보자. 때때로 사람들은 단지 두려움 때문에 자신이 가지고 있는 문제를 회피해 버린다. 이러한 습관은 사람들로 하여금 현실을 직시하기 어렵게 만들 뿐 아니라, 적절한 시기에 적절히 대응하기만 하면 쉽게 해결될 수 있는 문제도 더 악화시킨다.

그리고 부모들은 때때로 어떻게 대처해야 할지 모르겠다는 이유로 자녀들의 문제를 외면하곤 한다. 예를 들어, 자신의 자녀가 교사로부터 학업 분위기를 망치는 문제 행동을 하고 있다는 지적을 받았을 때가 그러하다.

이때 문제를 파악하는 가장 좋은 방법으로 '3의 법칙'을 들 수 있다. 방법은 의외로 간단하다. 똑같은 문제가 세 번 이상 발생하면 원인을 파악해 문제에 대처하는 것이다. 가령, 자녀와의 관계에서 문제가 있다고 느낀다면, 우선 다음과 같이 자문한다. '이 문제에서 내가 해결할 부분은 무엇인가?' 혹은 '내 자녀가 해결해야 할 부분은 무엇인가?' 라고 말이다. 그리고 자녀가 세 명 또는 그 이상의 교사에게서 지적을 받았다면, 부모와 자녀가 함께 고쳐 나가야 할 점을 찾아야 한다는 뜻이다.

하지만 '3의 법칙'을 적용할 수 없는 경우도 있다. 약물 복용이나 절도 같은 중대한 과실을 저질렀을 때는 세 번까지 갈 것도 없이 단번에 개선책을 찾아야만 한다. 한 번이라도 이러한 것을 경험한 자녀라면 도움의 손길이 시급하기 때문이다.

그런데 자녀가 법적으로 문제를 일으켰는데도 자녀의 잘못을 회피하려고 하는 부모들도 있다. 이러한 부모들은 주로 남탓을 한다. 예를 들어, 경찰의 치안 능력이나 사회 분위기 같은 것 말이다. 하지만 자녀와 가족에게 변화의 손길이 필요하다는 사실을 부모 스스로 인식하지 못하는 경우, 가정의 평화는 요원한 일이 되고 만다. 결국 부모의 회피가 자녀를 망치게 되는 것이다.

어떤 부모들은 자녀가 약물이나 음주 문제에 연루되었음에도 별 다른 문제의식을 느끼지 못하고 아무런 조치도 취하지 않는 경우가 있다. 이러한 부모는 자녀의 문제점만이 아니라 자신의 문제점까지도 함께 외면하고 있는 경우가 많다. 조사 결과 약물이나 음주 문제에 연루된 아동 중 1/5 정도는 부모의 약물이나 음주로 인해 영향을 받은 것으로 드러났다.

더욱 심각한 사실은 이러한 아동 중 대다수가 주의력 결핍 행동 장애(ADHD), 학습 능력 장애, 우울증, 문제 행동 등의 증세를 나타낸다는 것이다. 그러므로 부모가 약물이나 음주 문제를 겪고 있다면, 전문가의 도움을 요청하는 것이 급선무이다. 이 문제를 회피한다면 자녀에게까지 엄청나게 부정적 영향을 끼칠 수 있기 때문이다.

한번은 아홉 살짜리 아들을 둔 엄마가 상담 차, 사무실을 방문한 적이 있었다. 엄마는 아들을 데려온 이유를 "도통 말을 듣지 않아서"라고 설명했다. 그러고는 "아들 녀석이 제 물건에 손을 대요", "가끔씩은 제가 잠든 동안 침대 위를 뛰어다니기도 하고요"라는 말을 덧붙였다.

아이와 이야기를 나누는 동안 나는 아이가 손을 댄 물건이 다름 아닌 엄마의 보드카 병이었고, 아이가 그 안에 든 술을 하수구에 쏟아버렸다는 사실을 알 수 있었다. 그리고 아이는 정신을 잃고 잠든 엄마를 깨우기 위해 침대 위를 뛰어다녔던 것이다. 잘못된 것은 아들이 아닌, 바로 엄마 자신이었다.

__ 부모들의 우울증, 화병, 신경성 스트레스부터 해결하라

이 세상에는 우울증과 화병, 신경성 스트레스로 고통받고 있는 부모들이 엄청나게 많다. 그러나 이러한 병을 앓고 있는 부모들 중에 자신의 병이 자녀들의 교육에 어떠한 영향을 끼칠 것인지 알고 있는 사람은 드문 것이 현실이다. 따라서 그들이 적절한 도움을 받지 못하고 있는 상황에서 자녀와 건강한 유대 관계를 유지하기란 결코 쉬운 일이 아니다.

일반적으로 우울증이란 단순히 일시적으로 슬픔을 느끼는 상태가 아니라 지속적으로 슬픔, 의욕 저하, 우울함을 느끼는 상태를 말한다. 그리고 이는 통증이나 피로감, 무기력감 등 다양한 신체 증상을 동반하기도 하며, 폭식이나 거식, 기억이나 집중력 또는 의사 결정 장애 등과 같이 다양한 증상으로 표출되기도 한다. 하지만 우울증은 부끄러워할 병이 아니다. 왜냐하면 현대 사회를 살아가는 많은 사람들이 우울증을 경험하고 있기 때문이다.

만일 이 글을 읽는 사람 중 우울증에 걸린 이가 있다면 한시바삐 치료를 서두르기 바란다. 우울증은 본인뿐 아니라 자녀 교육에까지 영향을 끼칠 수 있기 때문이다. 조사 결과 우울증 치료를 미루는 부모와 사는 자녀들 중 절반 가량이 우울증 증세를 겪거나, 학업 성취도 역시 평균에 미치지 못하며, 친구들과 잘 어울리지 못하고, 문제 행동을 일으키는 것으로 드러났다.

화병이란 사소한 일에도 고함을 지르거나 물건을 던지는 등 이유 없이 분노를 표출하는 증세를 일컫는다. 화병 환자들은 스스로도 화가 난 이유를 파악하지 못하고, 작은 일로도 쉽사리 잠을 이루지 못한다. 이러한 증세는 대인 관계나 업무에 부정적 영향을 끼치기 쉽다. 지나친 분노 표출은 정신 건강과 육체 건강을 해치므로, 치료를 서두르는 것이 좋다.

신경성 스트레스 역시 현대인들이 많이 겪고 있는 질환이다. 일상적인 활동에 두려움을 느끼거나, 그와 함께 신체 기능의 장애가 동반하는 경우 이를 신경성 스트레스라고 일컫는다. 그러나 신경성 스트레스 역시 일상적으로 치유가 가능한 질환이다. 만일 주변 사람들로부터 이러한 성향을 가진 것 같다고 지적을 받는다면, 그들의 말에 귀를 기울일 필요가 있다.

그리고 여기서도 '3의 법칙'을 기억하라. 분노나 우울, 스트레스로 세 번 이상 불미스러운 사건이 있었다면, 지금 당장 전문가를 찾아 도움의 손길을 구하라. 이는 자녀만을 위한 일이 아니라, 부모 스스로도 더욱 행복하고 편안한 삶을 살아가기 위함이다. 사람은 누구나 자신의 행복을 추구할 권리가 있다.

또한 우울증과 화를 조절하지 못할 경우, 이는 가정 폭력과도 밀접한 연관을 가지는 것으로 조사되었다. 미국에서는 전체 학생 중 20%에 해당하는 학생이 가정 폭력을 경험하는 것으로 알려져 있다. 가정 폭력을 경험한 자녀는 대개 공격적인 성향을 가지게 되고 학업 성취도가 떨어지며, 교우 관계에서 어려움을 겪는다. 또한 이러한 가정에서 자라난 자녀는 대인 관계에서 다른 사람으로부터 이용을 당하거나, 다른 사람을 이용할 확률이 높다.

만일 이 글을 읽고 있는 독자 중에서도 가정 폭력으로 인한 문제를 겪고 있는 이가 있다면, 자녀와 스스로를 위해서 당장 이러한 악순환의 고리를 끊는 방법을 찾아야 한다. 그리고 가정 내에서 학대나 감정적인 문제가 발생하고 있다면 빨리 해결책을 찾아야 한다. 이는 가정 폭력으로 이어질 수 있기 때문이다. 폭력을 막는 것은 무엇보다 자녀의 육체적·정신적 건강을 위한 최우선 과제이다.

감정적 대응을 자제하라

__ 평상심을 유지하라

좋은 부모는 평상심을 가장할 줄 안다. 자녀를 나무랄 때는 나무라면서도 그들이 친밀한 관계를 유지할 수 있는 비법은 바로 평상심을 유지하는 것에 있다. 자녀가 아무리 통제 불능일지라도 말이다. 당신이 화를 내면 낼수록 자녀는 삐뚤어지기 마련이다. 그렇다면 당신 스스로가 평상심을 유지하고 있는지 아닌지 확인할 수 있는 방법에는 어떤 것이 있을까? 기본적으로 자신의 말하는 속도와 어조, 말과 행동이 논리적이며 감정에 휘둘리지 않는지를 살펴봄으로써 확인할 수 있다.

자녀를 나무랄 때 가장 효과적인 방법은 자녀의 잘못된 행동에 감정적으로 대응하지 않고 논리적으로 되짚어 주는 것이다. 물론 생각만큼 쉬운 일은 아닐지도 모른다. 새로 산 카펫 위에 아이가 음료수를 쏟거나 차를 박살내 놓는다면 말이다. 하지만 아예 방법이 없는 것은 아니다. 이 책의 3장에서 당신은 자녀에게 올바른 방식으로 화를 표현하는 법을 구체적으로 알아볼 것이다.

__ 감정적인 대응은 절대 금물!

그것을 알아보기 전에 우선 당신이 자녀에게 어떻게 행동하고 말하는지를 살펴봄으로써 정말로 친밀한 유대 관계를 만드는 데 필요한 요소가 무엇인지 살펴보도록 하자. 당신이 평상시에 온화한 태도로 자녀를 대해 왔다면, 자녀 역시 같은 태도로 당신을 대할 것이다. 반대로 평상시에 무뚝뚝한 태도로 자녀를 대해 왔다면, 당신을 본받아 자녀 역시 무뚝뚝하게 당신을 대할 것이다.

부모라면 누구나 자녀에게 화를 내 본 적이 있을 것이다. 당신은 자녀에게 고함을 지르는 편인가, 아니면 잔소리를 하는 편인가? 그도 아니면 반성문을 쓰게 하거나 한 대 쥐어박는 편인가? 얼굴을 마주하고 이야기를 나누는가 아니면 돌아서서 흐느끼는가? 꼴도 보기 싫어 혼자 화를 삭이는 편인가? 물론 다양한 방식이 있을 것이다. 그렇다면 자녀에게 화가 났을 때 자신이 가장 많이 하는 행동을 세 개로 정리해 보자.

1. ____
2. ____
3. ____

화가 났을 때 당신이 느끼는 감정은 구체적으로 어떤 것인가? 자녀에게 화가 났을 때 스스로에게 가장 못마땅한 점은 무엇인가? 자신의 감정을 완벽하게 제어할 수 있다고 느끼는가?

그렇다면 이제 당신이 어렸을 때를 떠올려 보자. 예전에 당신의 부모님은 당신에게 화가 났을 때 주로 어떠한 행동을 하셨는가? 자신의 부모님이 화가 났을 때 가장 많이 했던 행동을 세 개로 정리해 보자.

1. ____

2. ____

3. ____

대다수는 화가 나거나 스트레스를 받았을 때 당신의 부모님이 자신에게 했던 것과 비슷한 행동을 하고 있을 것이다. 본인이 부모님의 행동을 좋아했건 싫어했건 상관없이 말이다. 이제 두 가지 목록이 얼마나 유사한지 살펴보자. 만일 두 목록이 전혀 비슷하지 않다면, 당신은 적어도 자신의 자녀에게만큼은 다른 대우를 하려고 노력을 기울인 것이다.

그렇다면 이제 당신이 화가 났을 때 하는 행동으로 다시 한 번 되돌아가 보자. 그리고 올바르지 않다고 느끼거나 속상하거나 스트레스가 되는 행동을 바꾸려고 노력해 보자. 부모로서 당신의 행동을 교정하는 것은 매우 중요하기 때문에 이 책 전반에서 다루어 질 것이다.

__ 감정적인 대응은 교육 효과를 떨어뜨린다

사람은 누구나 분노와 수치, 공포라는 감정을 가지고 있다. 그러므로 자녀의 잘못된 행동을 보고 당신이 이런 감정을 느낀다고 해서 문제될 것은 없다. 당신 역시 사람이므로, 고함을 지르거나 잔소리를 늘어놓거나, 체벌을 가할 수도 있다. 하지만 이런 반응은 모두 지나친 감정 소모를 불러와 스트레스만 불러올 뿐이다.

그렇다면 이제 자녀들이 부모의 행동을 어떻게 배우는지 다시 한 번 생각해 보자. 화가 났을 때 고함부터 지르고 보는 아빠 밑에서 자란 자녀라면 고함 지르는 것밖에 배울 것이 없을 것이다. 그리고 화가 났다는 이유만으로 자녀를 지나치게 감정적으로 대하거나 선의에서 비롯한 논리가 아니라 잔소리만 늘어놓는 부모라면, 자녀는 더욱 삐뚤어지기 마련이다.

당신은 자녀가 부모를 존경하고 신뢰하기까지는 부모의 행동이 자녀에게 논리적이며 정당하게 판단되어져야 한다는 점을 알아야 한다. 부모를 존경하는 자녀는 결코 함부로 행동하지 않는다. 만약 당신이 가진 슬픔과 좌절, 분노와 같은 감정이 자녀에게까지 그대로 전달되고 있다면 논리적이며 훌륭한 교육을 할 자질이 의심되는 부모인 셈이다.

감정이 앞서는 경우, 부모는 통제력을 잃기 쉽다. 그럴 때는 다섯까지 세면서 심호흡을 하거나 친구에게 전화를 걸어도 좋다. 트로트를 따라 부르는 것도 한 방법이다. 자녀를 나무라는 일은 언제든 다시 시작할 수 있다. 자녀를 나무랄 때 지켜야 할 몇 가지 사항에 대해서는 이 장의 끝부분에서 설명하게 될 것이다. 우선 지금은 가장 효과적으로 자녀를 나무라는 방법이 바로 평상심을 지키는 것이라는 사실만 기억하자. 화를 삭이는 데 약간의 시간이 필요하더라도 말이다.

__ 자녀를 나무라기 전에 감정적 대응을 자제하라

지금까지 살펴본 바와 같이 자녀와의 관계를 해치지 않고 자녀를 나무랄 수 있는 방법은 바로 감정적인 대응을 자제하는 것이다. 그리고 감정을 통제할 수 있다면 스스로의 삶은 더욱 풍요로워진다. 자녀에게 감정적인 대응을 자제하는 비법은 바로 결혼 생활을 유지하는 비법이나 가족 관계를 유지하는 비법 또는 직장에서 문제 상황을 피하는 비법과 서로 상통한다. 그런데 많은 부모가 이 진리을 모르고 있다.

그렇다면 불필요한 감정적 대응을 피하기 위한 방법에는 어떤 것이 있을까? 첫 번째 방법으로는 말하기 전에 한 번 더 생각하는 것이다. 무슨 일을 하건 가장 먼저 하는 생각이 당신의 기분과 행동을 좌우하게 마련이다. 하지만 사람이 항상 옳거나 건전한 생각만 하고 사는 것은 아니다. 누구나 실수도 하기 마련이다. 다행히도 당신은 자녀들에게 반응을 하기 전에 잘못된 생각을 점검하거나 수정할 수 있는 능력을 가지고 있다.

그리고 두 번째 방법으로는 바로 우리 말과 행동과 기분이 모두 연관되어 있음을 깨닫는 것이다. 마치 하나의 삼각형처럼 말이다. 따라서 우리는 한 가지를 바꿈으로써 나머지 두 가지를 자동적으로 수정할 수 있다. 다음 그림을 살펴보자.

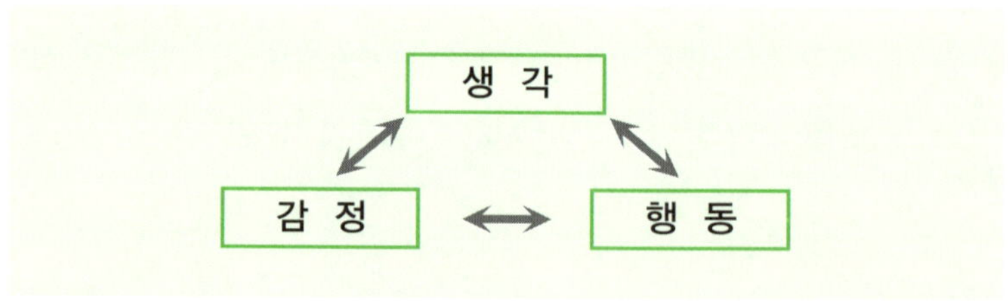

이러한 도식을 말로 표현하면 이렇다.

- 자녀에게 소풍 가서 조심스럽게 행동하라고 말하는 상황을 가정해 보자. '우리 애는 참 착해'라고 생각함으로써 당신은 자녀가 자랑스럽다는 감정을 느끼며, 자녀에게도 스스로가 얼마나 착한 아이인지 이야기해 준다. 이 도식에서는 잘못된 점이 하나도 없다.
- 자녀가 말을 안 들어 무척이나 힘든 상황을 가정해 보자. '애가 말을 안 들어서 정말 지치는군'이라고 생각함으로써, 당신은 자녀에게서 한발 물러서게 되고 더욱 우울한 생각에 빠져들게 된다.

이처럼 당신은 도식의 어느 한 부분을 바꿈으로써 전체를 바꿀 수 있다는 사실을 절대로 잊어서는 안 된다. 아무리 우울한 감정을 느끼더라도, 당신은 자신의 행동을 바꿀 수 있다. 그럴 때는 자녀가 잘한 일을 찾아보는 것도 좋은 방법이다. 그렇게 되면 당신은 조금이라도 절망적인 기분에서 빠져나와, '어쩌면 우리 애가 그렇게 나쁘지 않은 걸지도 몰라'라고 생각을 바꿀 수 있다. 삼각형을 이루는 도식의 한 부분을 바꿈으로써 나머지 두 가지 요소가 개선되는 것이다.

이쯤에서 좀 더 활용이 간단한 팁을 하나 소개하겠다. 삼각형의 원칙을 활용하면 자녀의 변덕에 대처하는 방법도 알 수 있다. 상대를 반드시 자녀로 한정할 필요는 없다. 배우자에게도 활용이 가능하다. 우선 자녀가 화를 내는 데 도무지 이유를 알 수 없다면, 자녀에게 방금 무슨 생각을 했는지 물어보라. 자녀는 어쩌면 잘못된 생각에 빠져 있거나 아니면 뭔가 할 말이 있어서 그랬을지도 모른다.

무엇에 화가 났거나 무엇을 걱정하는지 이야기를 듣는 것만으로도 당신은 훨씬 더 편안해진 마음으로 감정적인 행동을 자제할 수 있다. 그리고 자녀가 자신에게 무슨 일이 있었는지 말을 하게 된다면, 빗나간 행동을 할 일은 없을 것이다. 삼각형의 원칙을 활용할 줄 아는 부모는 세상에서 가장 강력한 힘을 얻게 되는 것이다.

__ 감정적인 생각에 치우치지 마라

앞에서 본 도식처럼 생각은 곧 감정과 행동으로 이어진다. 따라서 자녀의 잘못된 행동에 대한 우리의 생각은 곧 자녀에 대한 감정과 그에 대처하는 행동으로 이어지기 마련이다. 그러나 우리는 때때로 어떠한 생각이 그러한 감정을 초래하였는지 파악하기도 전에 감정적으로 대하는 경우가 있다.

실제로 대다수의 부모가 자녀의 잘못된 행동에 대해 감정에 치우친 나머지 감정적인 행동을 취한다. 또는 감정에 치우쳐 행동부터 한 다음에야 비로소, 자신의 행동을 정당화하기 위하여 어떠한 생각을 했었는지 떠올리는 경우도 있다. 고함부터 지른 다음 머릿속으로 '내가 도대체 왜 이러지?' 라고 생각하는 것이다.

따라서 당신은 행동하기 전에 먼저 자신의 생각을 확인하는 연습을 할 필요가 있다. 이런 연습을 통해 자녀를 나무라려 했던 이유를 파악할 수 있기 때문이다. 그렇다면 이런 연습이 필요한 이유는 무엇일까? 바로 우리의 생각이 잘못된 것일 수도 있기 때문이다. 그리고 잘못된 생각에 휩싸여 감정적인 대응을 일삼다 보면 정말로 큰 문제를 일으킬 수도 있기 때문이다.

__ 자녀의 행동을 오해하지 마라

여기 누구나 한번쯤은 겪어 보았을 상황을 살펴보자. 앞의 삼각형 모양의 도식을 떠올리며 읽어 나가기 바란다.

몇 년 전 어느 화창한 4월, 나는 일곱 살 난 딸과 함께 로키산맥을 오르고 있었다. 아직 녹지 않은 눈도 있었고 여기저기 커다란 진흙 웅덩이가 파여 있었다. 등산을 마친 다음, 나는 딸에게 늦었으니 어서 차에 타라고 말했다. 그런데 딸은 차를 향해 걸어가는듯 하더니 갑자기 방향을 바꾸고 눈 더미를 향해 돌진하는 게 아닌가. 딸의 모습을 보자 내 머릿속에는 다음과 같은 생각이 스쳐 지나갔다.

'내 말을 전혀 듣지 않고 있구나. 가야 한다고 말했는데도 아직 노는 데만 정신이 팔려 있다니!

그래서 나는 화를 내며(감정), "어서 빨리 차에 타지 못해?"라고 언성을 높였다. 그러자 딸은 "신발이 더러워서 차에 타기 전에 흙을 털어내려고 했던 것뿐이라고요"라며 울먹였다. 딸의 말을 들은 나는 부끄러운 마음에(감정) '세상에 나 같은 바보가 또 있을까' (생각)라는 생각에 황급히 딸에게 사과를 했다(행동).

그 당시 딸에 대한 내 판단은 틀린 것이었다. 나는 딸의 의도를 오해한 것이었다. 딸은 말을 듣지 않은 것이 아니라 차 안의 매트리스에 흙이 묻지 않게 하려던 것이었다. 내가 생각을 되짚어 보고 딸이 말을 듣지 않는 게 아니라, 뭔가 다른 행동을 하려는 것이 아닌지 한번쯤 생각해 보았다면 어땠을까.

평상시에 딸이 얼마나 착하고 사려 깊은 아이인지 알고 있었더라면, 나는 그러한 상황에서 고함을 지르는 대신에 오히려 칭찬을 했을

지도 모른다. 게다가 한 번 더 생각해 보고 이야기했다면 딸은 나중에도 신발에 묻은 흙을 털고 차에 탔을 것이다. 내가 고함을 질렀기 때문에 딸이 스스로 바른 행동을 할 가능성을 차단해 버린 셈이었다.

이처럼 잘못된 행동을 하지 않았는데도 야단을 맞거나 잔소리를 들은 자녀는 오히려 비뚤어진 행동을 할 확률이 높다. '잘못하지 않아도 어차피 야단맞을 텐데, 잘할 필요가 뭐가 있어?' 라고 생각하게 되는 것이다. 더 나아가 당신이 잘못을 저지르고도 자녀에게 사과하지 않는 경우, 안타깝게도 이러한 우려는 사실이 되어 버린다.

이처럼 자녀가 저지르지 않은 잘못에 대해 우리는 종종 오해를 하곤 한다. 우리 눈에는 자녀가 말을 듣지 않는 것처럼 보이지만 실제로 그 행동에는 다른 이유가 있을지도 모르는데 말이다. 다음의 경우처럼 말이다.

- 딸은 차 안에 있는 매트리스를 더럽히지 않으려고 했다.
- 아들은 아직 부모가 하는 말을 알아듣기에는 어렸다.
- 딸은 본인이 생각하기에 최선을 다했다.
- 부모는 자녀에게 자신이 원하는 바를 명확하게 설명하지 않았다.

따라서 어른 생각으로 아이의 행동을 판단하는 것은 위험하다. 그럴 때는 차라리 아이에게 왜 그랬는지 묻는 것이 현명하다.

05

자녀에 대한 태도를 바꾸자

__ 오해로 인해 자녀와의 관계는 악화된다

실제로 자녀들을 혼내다 보면 막상 그들이 말을 듣지 않으려 했다는 증거를 찾을 수 없는 경우가 대부분이다. 심지어 당신은 자녀의 행동을 오해하거나 다른 일 때문에 화가 나서 혼내기도 한다. 그렇게 본다면 나쁜 생각을 한 쪽은 어쩌면 당신인지도 모른다.

따라서 자녀와 친밀한 관계를 유지하려면 자녀에 대해 품고 있는 오해를 버리는 것이 무엇보다 중요하다. 그리고 자녀의 행동을 객관적으로 파악하기 위해 노력할 필요가 있다.

이 때 자신이 어떤 사실을 오해하고 있지는 않은지 확인하는 가장 쉬운 방법은 어떤 대상에 대해 지나치게 예민하게 반응하고 있지는 않은지를 확인해보는 것이다. 지나친 생각은 오해를 불러오기 때문이다.

그리고 이러한 부모 밑에서 자란 자녀는 어긋나기 쉽다. 지나친 반응은 스트레스를 불러오고 부모에 대한 신뢰를 깨뜨리고 만다. 부모와 자녀 사이에 필요한 것은 바로 신뢰와 사랑인데도 말이다.

__ 자녀를 오해하는 부모의 생각

자녀를 오해하지 않기 위해 부모가 해야 할 일은 사실 간단하다. 가족 구성원 누구든 오해나 말다툼, 분노를 불러올 만한 나쁜 생각을 품지 않게 하는 것이다. 그렇다면 나쁜 생각이라고 해서 다 같은 것일까? 아니다. 나쁜 생각에도 여러 가지 종류가 있다.

첫 번째 나쁜 생각은 바로 '도' 아니면 '모' 라는 식의 흑백논리이다. '반드시, 당연히, 항상, 늘, 모두, 아예, 절대' 와 같은 말이나 생각은 흑백논리를 불러온다. 하지만 세상은 흑백논리로만 운영되지는 않는다. 가령, 다음의 예를 보자.

- 우리 엄마는 항상 "안 돼"라는 말부터 한다.(가끔 "그래"라고 말하는 경우도 있다)
- 자식이 부모 말에 순종하는 것은 당연하다.(일반적인 자녀들이 항상 부모 말에 순종하는 것은 아니다)

그리고 만약 당신이 자녀를 신뢰하지 않는다는 말을 하게 되면 자녀는 그 말을 믿고 이후로는 당신의 기대를 저버리는 행동도 서슴지 않게 된다. 따라서 자녀의 행동을 흑백논리나 선악의 잣대로만 판단하려는 행동은 비논리적이며 옳지 않은 일이다.

두 번째 나쁜 생각은 과대망상이다. 과대망상이란 사물이나 사건의 중요성을 지나치게 과장하거나, 매사에 최악의 경우부터 예상하고 보는 사고 형태를 일컫는다. 이러한 과대망상 역시 자녀 교육을 망치는 요소이다. 자녀는 매사에 비관적이거나 극단적인 사고를 하는 부모를 신뢰하지 않는다. 또한 과대망상은 사람을 지치게 하여 관계를 멀어지게 한다.

그리고 생각은 행동을 지배하므로, 이 같은 생각은 단순히 머릿속에 머무르지 않고 현실에 반영되게 마련이다. 따라서 비관적인 생각과 긍정적인 생각의 가운데에서 사고의 균형을 이루는 것이 중요하다. 살면서 꼭 나쁜 일만 벌어지는 것은 아니기 때문이다. 끔찍한 기분에 사로잡혀 끔찍한 생각만 하며 산다면 정말로 최악의 상황에 처하게 되더라도 손쓸 도리가 없게 될 것이다. 비관적인 생각은 사람을 비이성적으로 몰아가 나쁜 선택만을 하게 만든다.

그런데 만약 당신이 아닌 자녀가 비관적인 생각에 빠져 있다면, "최악의 경우는 무엇이고, 최상의 경우는 무엇이지?"라고 반문할 필요가 있다. 세상이 끝난 것이 아니라는 사실을 깨닫도록 말이다. 아이는 물론 성장하면서 불쾌한 경험을 할 수도 있다. 하지만 그러한 경험을 극복하는 것이 자기 몫이라는 점을 깨달아야 한다.

다음은 아들이 수학 시험에서 빵점을 맞은 것을 알게 된 부모가 보일 수 있는 다양한 반응이다.

• **비관적인 사고를 가진 부모** ┃ 엉망진창이로군. 이래서야 대학에 가겠어? 대학에 못 가면 올바른 직장도 구하기 힘들 테고, 나중에 커서 백수가 되겠구나.

- **낙관적인 사고를 가진 부모** | 공부를 좀 더 하면 언젠가는 100점을 받을 수 있을 거야. 조금만 기다리면 학교 공부의 중요성을 깨닫겠지.

- **일반적인 사고를 가진 부모** | 이래서야 원, 수학 공부를 좀 더 해야겠군. 학원에 보내거나 개인 교습을 받는 게 나을지도 모르겠어. 하지만 수학 좀 못한다고 무슨 큰일이야 있겠어?

따라서 당신은 자신의 생각을 확인해 보고, 잘못된 생각을 바로잡아야 한다. 부모를 신뢰하는 자녀는 부모의 말에 귀를 기울이고 부모의 판단을 존중하기 마련이다. 따라서 당신은 자신의 자녀 교육 패턴을 감정적인 것이 아닌 이성적인 것으로 바꿀 필요가 있다. 이러한 노력은 자녀 교육에 대한 주도권을 확보하게 해 주어 부모로서의 삶을 훨씬 더 편안하게 만들어 줄 것이다.

그러니 먼저 자녀의 행동을 한 번 더 생각해 본 다음에 대처하도록 하라. 만일 자녀가 잘못을 저지르고 있는 것처럼 보이거나, 자녀의 행동에 화가 난다면 스스로 반문하라. '도대체 지금 내가 무슨 생각을 하고 있는 거지?' 라고 말이다. 그리고 다음과 같은 질문을 던져 자신의 생각이 옳은지 확인하라.

- **'다른 행동을 하는 무슨 이유라도 있는 것일까?'** | 내 말을 듣지 못하는 무슨 이유라도 있는 것일까? 자신이 할 수 있는 최선을 다한 것일까? 내가 원하는 바가 명확히 전달되었나?

- **'내 생각이 옳은지 어떻게 알 수 있는가?'** | 내 생각이 옳다는 확실한 근거는 무엇인가?

- **'지나친 생각을 하고 있는 것은 아닌가?'** | 지나치게 비관적인 생각에

빠져 있거나 흑백논리, 과대망상에 사로잡힌 것은 아닌가?

만약 이런 질문을 통해 자신의 생각이 옳지 않다면, 과감하게 생각을 바꾼 다음 자녀에게 대응하도록 해야 한다. 스스로를 통제할 수 있다는 것은 매우 기분 좋은 일이다.

 사례1

열세 살 난 딸에게 10분 안에 나가야 하므로 빨리 옷을 갈아입으라고 말한다. 그러나 10분 뒤, 딸은 여전히 옷을 갈아입지 않고 그대로 있다.

어떤 생각이 드는가? 자신의 생각을 말해 보자. '분명히 말했는데도 일부러 그러는 거야?'라는 생각을 할 수도 있을 것이다. 그렇다면 이제 자신의 생각이 옳은지 점검해 보자. '딸이 내 말을 들었는지 어떻게 확신할 수 있는가?' 딸에게 자신이 10분 안에 나가야 한다고 한 것을 들었는지 물어보자. 딸은 아마도 "들었어요"라고 대답할지도 모른다. '내가 지금 지나친 생각을 하고 있는 것일까?' 아니다. 딸은 결코 당신의 삶을 끔찍하게 만들려거나(비관적인 생각), 애를 먹이려는(흑백논리) 게 아니다. '저렇게 행동하는 데는 다른 이유가 있는 것일까?' 물론 자녀가 제대로 해명하기 전까지 당신은 도통 이유를 알 길이 없다. 딸이 말을 듣지 않으려 했다는 당신의 생각이 옳다면, 물론 혼을 내는 것이 정당하다. 그렇지만 딸을 혼내려거든 먼저 자신의 감정을 통제하고, 목소리를 높이지 말고 올바른 방식으로 표출해야 한다.

잠시 샤워를 하는 동안 네 살배기 아들에게 두 살배기 동생을 돌봐주라고 당신은 말을 했다. 샤워를 끝내고 돌아오자, 둘째 아이는 화분 위의 흙을 퍼먹고 있다.

어떤 생각이 드는가? 자신의 생각을 말해 보자. '그렇게 신신당부 했는데도 전혀 도와줄 생각이 없구나' 라는 생각이 들 것이다. 그렇다면 이제 자신의 생각이 옳은지 점검해 보자. '아들이 내 말을 들었는지 어떻게 확신할 수 있는가?' 아기는 이미 입안 가득 흙을 물고 있다. '내가 지금 지나친 생각을 하고 있는 것일까?' 아들은 결코 당신의 삶을 끔찍하게 만들려거나(비관적인 생각), 애를 먹이려는(흑백논리) 게 아니다. 그렇다면 혹시 '저렇게 행동하는 데는 다른 이유가 있는 것일까?' 정답이다! 네 살배기 아이에게는 당신이 샤워를 하는 동안 동생을 돌볼 능력이 없다.

그렇다면 생각을 바꿔보자. '앞으로 부탁할 때는 아들이 할 수 있는 일만 부탁해야겠어. 실수를 저지르지 않도록 말이야' 라고 말이다. 그렇다. 탓해야 할 것은 상황이지, 아들이 아닌 것이다.

__ 부모의 기분은 부모가 결정하라

당신과 자녀의 관계를 망치는 지름길 중 하나는 바로 당신이 자녀의 행동에 휘말려 감정적인 행동을 하는 것이다. 자녀를 성공적으로 길러내기 위해서는 먼저 자신의 기분을 좌지우지할 수 있는 사람은 자기 자신밖에 없다는 사실을 명심해야 한다. 다시 말해서, 스스로의 기분을 결정할 수 있는 사람은 자기 자신뿐이다.

물론 당신도 사람이므로 자녀의 잘못된 행동에 아무렇지 않을 수는 없다. 하지만 당신은 자신의 행동에 책임을 져야 하는 성인이다. 따라서 스스로의 감정을 통제하는 법을 익힐 필요가 있다. 화가 난다면 스스로 화내는 것을 원하는지 생각해 보라. 자신이 진정으로 원하는 것에 대해 생각해 보는 시간을 갖는 것만으로도 당신은 충분히 다른 선택을 할 수 있게 된다.

가령, 잠시 화를 삭힐 시간을 갖거나 찬찬히 타이르는 것과 같이 스트레스도 덜하며 스스로의 감정을 통제하는 식으로 말이다. 그러면 당신의 이러한 모습을 보고 자란 자녀도 자연스레 스스로 감정을 통제하는 법을 터득하기 마련이다.

또한 당신은 자녀에 관한 문제를 자신의 자존감과 연관짓는 습관을 버려야 한다. 어떤 부모들은 자녀의 선행이나 성공을 마치 자신의 것처럼 여기는 경우가 있다. 하지만 자녀의 행동이 부모의 가치를 결정하는 것은 결코 아니다. 아무리 훌륭한 부모 밑에서도 빵점을 받는 자녀가 나올 수 있고 자상하고 애정이 넘치는 부모 밑에서도 예의범절을 모르는 자녀가 나올 수 있다. 부모란 그저 당신이 살아가면서 겪어야 할 많은 역할 중 하나일 뿐이다.

06

자녀와의 유대 관계를 확인하라

앞에서 필자는 다른 무엇보다 부모와 자녀의 유대 관계가 왜 중요한지, 그리고 둘 사이의 유대 관계를 가로막는 것은 무엇인지 설명을 했다. 이제 자녀와의 유대 관계가 자녀 교육에 끼치는 영향에 대해 이해했다면, 둘 사이의 유대 관계가 얼마나 친밀한지 확인해 볼 차례가 되었다. 자녀를 떠올리며 설문에 답해 보기 바란다. 참이라고 느껴진다면 "예", 거짓이라고 느껴진다면 "아니요"라고 답하면 된다.

1~4세의 자녀를 둔 부모라면 1~21번 문항까지, 5~12세의 자녀를 둔 부모라면 1~36번 문항까지, 13세 이상의 자녀를 둔 부모라면 1~42번까지 모든 문항에 답하면 된다.

여기서 설문에 답하기 전에 반드시 기억해야 할 사항은, 자녀의 과거의 행동과 무관하게, 현재의 행동만을 두고 판단하여 답해야 한다는 것이다. 그리고 무엇보다 거짓없이 진실만을 답해야 한다.

	1~4세인 자녀의 부모	자녀 1	자녀 2
1	나는 좋은 부모는 아닌 것 같다.	예/아니오	예/아니오
2	떨어져 있으면 자녀가 너무 보고 싶다.	예/아니오	예/아니오
3	자녀도 나와 떨어져 있는 것을 원치 않는다.	예/아니오	예/아니오
4	자녀를 위해 내가 원하는 일을 포기하고 있다.	예/아니오	예/아니오
5	자녀와 함께 있으면 웃음이 난다.	예/아니오	예/아니오
6	다른 사람들에게 자녀의 칭찬을 한다.	예/아니오	예/아니오
7	화를 내면 자녀가 나를 두려워하는 듯한 행동을 한다.	예/아니오	예/아니오
8	안아 주거나 뽀뽀해 주면 자녀가 좋아한다.	예/아니오	예/아니오
9	자녀 때문에 화가 난다.	예/아니오	예/아니오
10	자녀와 함께 있는 시간이 무척 즐겁다.	예/아니오	예/아니오
11	우리 부부는 자녀의 교육관이 거의 일치한다.	예/아니오	예/아니오
12	애 하나 키우는 게 얼마나 힘든 일인지 뼈저리게 느낀다.	예/아니오	예/아니오
13	자녀와 함께 있으면 항상 즐겁다.	예/아니오	예/아니오
14	이런 자녀를 두다니 나는 정말로 축복받은 사람이다.	예/아니오	예/아니오
15	자녀가 문제 행동을 일으킬까봐 걱정스럽다.	예/아니오	예/아니오
16	자녀의 얼굴만 봐도 무슨 일이 있는지 알아차릴 수 있다.	예/아니오	예/아니오
17	자녀에게 한 행동에 대해서 한 점의 부끄러움도 없다.	예/아니오	예/아니오
18	자녀가 나를 종종 실망시킨다.	예/아니오	예/아니오
19	이런 자녀를 두다니 아무리 생각해도 나는 행운아다.	예/아니오	예/아니오
20	자녀는 내 신경을 건드리지 않는 법을 안다.	예/아니오	예/아니오
21	자녀를 아예 낳지 말았더라면 하는 상상을 한다.	예/아니오	예/아니오
	5~12세인 자녀의 부모 계속	자녀 1	자녀 2
22	자녀에게 매일 사랑한다고 이야기한다.	예/아니오	예/아니오
23	자녀는 부모에게 자신의 걱정을 솔직히 털어놓는다.	예/아니오	예/아니오
24	자녀 때문에 아침에 일어날 때부터 기분이 좋지 않다.	예/아니오	예/아니오
25	자녀가 나를 존경한다.	예/아니오	예/아니오
26	자녀가 나에게 칭찬받는 것을 즐긴다.	예/아니오	예/아니오
27	나에게 야단맞고 나면 자녀가 몹시 화를 낸다.	예/아니오	예/아니오

	5~12세인 자녀의 부모	자녀 1	자녀 2
28	자녀가 나와 함께 시간을 보내고 싶어 한다.	예/아니오	예/아니오
29	다른 사람들이 자녀를 칭찬한다.	예/아니오	예/아니오
30	자녀가 친구들에게 친절하다.	예/아니오	예/아니오
31	자녀가 친하게 지내는 친구들과 그 부모님을 알고 있다.	예/아니오	예/아니오
32	다른 사람들이 내 자녀 교육 방식에 참견한다.	예/아니오	예/아니오
33	자녀는 매사에 최선을 다하려고 애쓴다.	예/아니오	예/아니오
34	자녀가 어른이 되었을 때의 모습을 기대한다.	예/아니오	예/아니오
35	자녀가 어른이 되었을 때 함께 할 수 있는 일을 기대한다.	예/아니오	예/아니오
36	자녀가 자랑스럽다.	예/아니오	예/아니오
	13세 이상인 자녀의 부모	자녀 1	자녀 2
37	자녀와의 말다툼이 손찌검까지 번진다.	예/아니오	예/아니오
38	자녀는 자라서 좋은 부모가 될 것 같다.	예/아니오	예/아니오
39	자녀가 약물이나 음주, 성적인 문제를 일으킬까봐 두렵다.	예/아니오	예/아니오
40	자녀가 친구와 있을 때에도 나에게 허물없이 군다.	예/아니오	예/아니오
41	자녀가 친구보다 가족과 시간을 보내는 것을 더 좋아한다.	예/아니오	예/아니오
42	자녀가 내 말보다 친구의 말을 더욱 신뢰한다.	예/아니오	예/아니오
	회색 문항에 '예'라고 답한 횟수 + 흰색 문항에 '아니오'라고 답한 횟수 두 가지 숫자를 합산한 점수가 자신의 총점이다.	(　　) + (　　) ‖ (　　)	(　　) + (　　) ‖ (　　)

그렇다면 이제 점수를 합산해 보자. 회색 문항에 '예'라고 답변한 횟수를 합산하여 위의 칸에 적는다. 흰색 문항에 '아니오'라고 답변한 횟수를 합산하여 그 아래 칸에 기록한다. 두 가지 숫자를 합산한 점수가 자신의 총점이 된다. 점수가 높으면 높을수록 부모와 자녀간의 관계는 친밀한 것이다. 그러면 점수대별 평가에 대해 살펴보자.

	최저 점수대	평균 점수대	최고 점수대
1~4세	10점 이하	11~17점	18점 이상
5~12세	18점 이하	19~29점	30점 이상
13세 이상	21점 이하	22~35점	36점 이상

최저 점수대에 해당하는 점수를 받았다면 자녀와의 관계에서 개선할 여지가 많다는 뜻이다. 가볍게 여기고 지나쳤던 문제도 다시 한 번 살펴보는 세심함이 필요하다 하겠다. 문제점을 쉬쉬하고 숨기는 것보다는 도움을 요청하는 것이 좋다. 이 책에서 소개하는 일곱 가지 비법을 활용하여 변화의 계기를 만들어 보거나 심리 상담 전문가를 찾아가 상담을 하는 것도 좋은 방법이다.

때로는 부모와 자녀간의 관계가 전문가의 도움이 절실할 만큼 심각하게 악화되는 경우도 있다. 그러나 무엇보다 중요한 것은 어떠한 상황에서건 끝까지 포기하지 않는 노력이다. 부모가 노력을 멈추지 않는다면 자녀도 언젠가는 부모의 사랑을 깨달을 것이다.

평균 점수대에 해당하는 점수를 받았다면 자녀와의 관계를 잘 유지하고는 있으나 여전히 개선의 여지는 남아 있다는 뜻이다. 이 점수대에 해당하는 부모들은 이 책에서 자신과 자녀에게 일어날지도 모를 미래의 문제 상황을 예방하기 위한 유용한 정보를 얻을 수 있을 것이다.

평균 이상의 점수를 받았다면 여러 모로 부모의 역할을 훌륭하게 수행하고 있는 것이다. 그러므로 이 책의 내용을 참고하여 자신이 가진 자녀 교육관을 점검해 보는 기회로 삼도록 하자. 또한 유대 관계에 관한 문제는 자녀가 성장하면서도 발생하므로, 문제 상황이 생기면 그때 이 책의 내용을 참고하는 것도 한 가지 방법이다.

이 설문을 통해 얻은 점수는 부모와 자녀의 친밀도를 확인할 수 있는 객관적인 지표가 된다. 회색 문항과 흰색 문항을 고루 살펴본 다음, 책을 읽어 나가는 동안 자신이 고쳐야 할 점과 잘한 점을 떠올려 보자.

이 책을 모두 읽은 다음, 변화한 자신과 자녀간의 유대 관계를 다시 측정해 보는 것도 추천할 만하다. 처음 설문에 답했던 때와 같은 점수를 유지하고 있는지 아니면 더 높은 점수를 받았는지 확인해 보면서 자녀와의 관계를 객관적으로 측정할 수 있을 테니 말이다.

낮은 점수를 받았다면 자녀와 함께 더 많은 시간을 보내도록 노력해 보자. 그리고 둘 이상의 자녀를 두고 있다면 자녀별로 설문 결과를 살펴보자. 만일 자녀간의 점수 차가 5점 이상 난다면, 자녀들과의 관계에 대해 다시 한 번 생각해 볼 필요가 있다.

이제 우리는 훌륭한 부모가 되기 위한 첫 발을 내디딘 셈이다. 준비하는 과정 역시 다른 모든 과정과 마찬가지로 매우 중요한 단계이며, 어쩌면 자신과 자녀가 가지고 있는 진정한 문제를 외면하지 않고 직면해야 한다는 점에서 다른 모든 과정을 합한 것보다 훨씬 더 힘들지도 모른다.

하지만 자신이 가진 문제를 스스로 헤쳐 나가기 위해서는 이 모든 과정을 견뎌낼 필요가 있다. 왜냐하면 자녀와의 관계 유지와 교육 방법에 대해 올바르게 이해하고, 부모의 역할과 자녀에 대한 기대치를 조정하기 위해서는 반드시 겪어야 할 필수 과정이기 때문이다.

2장

두 번째 비법

집중하기

01

자녀에게 관심을 보여줘라

__ **지금 자녀에게 필요한 것은 관심 어린 애정과 시간!**

자녀와의 친밀감은 따뜻한 스킨십과 애정 어린 말 한 마디에서 시작된다. 하지만 꼭 이러한 애정 표현이 아니라 자녀에게 보이는 관심만으로도 자녀와의 유대 관계 형성은 가능하다. 그렇다면 과연 어떠한 종류의 관심을 어느 정도 쏟아야 하는 걸까? 그리고 당신의 관심이 자녀를 올바르게 성장시킬 것인지 아니면 오히려 망칠 것인지 어떻게 구별할 수 있을까? 이 장을 통해 당신은 자녀와의 관계를 더욱 강화하고, 자녀가 부모의 말에 귀를 기울이도록 하는 방법이 무엇인지 깨닫게 될 것이다.

대다수의 부모가 매일 같이 자녀와 함께 생활한다. 하지만 조사 결과에 따르면 부모가 자녀와 함께 보내는 이런 일상 시간들은 결코 자녀와 부모의 유대 관계를 강화하지 못하는 것으로 드러났다.

자녀들은 자신을 성장케 하고 부모와의 유대 관계를 가질 수 있는 '좋은 관심'을 필요로 한다. 부모로부터 '좋은 관심'을 받고 자란 자녀들은 부모의 선한 행동을 배우게 된다. 그리고 사랑받는다는 것이 어떠한 것인지 알고, 자신이 세상에서 단 하나뿐인 특별한 존재임을 깨닫게 된다. 부모가 자녀에게 쏟은 '좋은 관심'으로 인해 자녀는 부모를 존중하고 사랑하는 마음을 가지게 되는 것이다. 그래서 부모는 자녀의 교육이 한층 더 쉬워진다. 그렇다면 '좋은 관심'이란 도대체 무엇일까?

성인이 된 어른들에게 유년기의 가장 행복했던 기억을 묻는다면, 대개 부모가 해 준 물질적 뒷바라지가 아니라 부모와 함께했던 즐거운 기억을 이야기할 것이다. 여기서 주의해야 할 것이 자녀를 위한 물질적인 뒷바라지가 '좋은 관심'이라는 착각이다. 당신이 그런 식으로 생각하게 되면 자녀 역시 물질적인 선물을 받아야만 사랑받고 있다는 확신을 가지게 된다.

바쁜 부모들은 자녀와 함께 보내지 못하거나, 보내고 싶었던 시간을 '선물'로 대체하려는 경향이 있다. 그러나 자녀들은 물질적 풍요보다는 당신의 실질적인 관심을 더 소중하게 생각한다. 자녀에게 관심을 쏟는 것은 자녀에게 정을 저축하는 것에 비유할 수 있다. 그래서 정을 저축하는 것 역시 은행에 돈을 저축하는 것처럼 일찍 시작할수록 좋다. 유년기에 받은 정신적 상처를 치유하는 데 드는 기하급수적인 비용과 수고를 생각하면, 이 정도 노력은 아무것도 아니다. 자녀와의 유대 관계가 부모와 자녀가 쌓아온 정의 크기와 비례한다는 생각을 한다면 말이다.

__ 물질적 풍요보다는 좋은 관심을!

아이는 3, 4세가 되면 부모에게 떼를 쓰면 자신이 원하는 것을 얻거나 이룰 수 있다는 사실을 깨닫게 된다. 어린 자녀들은 다른 사람의 욕구보다 자신의 욕구를 훨씬 더 중요하게 여기는 경향이 있다. 그래서 자신이 원하는 것을 갖지 못하면 울거나 떼를 쓰거나 물건을 집어던지며 원하는 것을 얻기 위해 부모를 이용하기도 한다.

그러나 이러한 습관을 가진 자녀들은 불만이 가득하고 성격이 삐뚤어진 사회 부적응자로 성장하기 쉽다. 자신의 자녀가 문제 아동으로 성장하기를 바라는 부모는 아마 세상에 단 한명도 없을 것이다. 그래서 많은 부모는 자신이 혹시 자녀의 버릇을 나쁘게 들이고 있는 것은 아닌지 걱정한다. 그렇다면 도대체 부모의 어떤 행동이 자녀의 버릇을 나쁘게 들이는 것일까? 여기 대표적인 두 가지 행동을 소개하겠다.

첫 번째 행동은 자녀에게 꼭 필요한 좋은 관심을 쏟는 대신 물질적 풍요로 대신하는 것이다. 지나친 선물이나 용돈으로 말이다. 따라서 당신은 자녀에게 주어야 할 것과 주지 말아야 할 것 사이에서 균형을 맞출 필요가 있다. 갖고 싶기는 하지만 별로 필요치는 않은 물건에 대한 요구와 불평·불만이 늘어날 때 자녀의 성격은 이미 나빠지고 있는 것이다. 그러므로 어리광을 부리거나 떼를 쓰고 화를 낸다고 해서 자녀가 원하는 바를 모두 들어줘서는 안 된다. 또한 자녀가 원하는 바를 모두 들어주지 못한다고 해서 죄책감을 느낄 필요도 없다.

자녀의 버릇을 망치는 두 번째 행동은 지나친 관심을 주는 것이다. 생후 몇 년간이야 어느 가정에서나 다 비슷하겠지만, 자녀가 태어나고 몇 년 후가 되면 이야기는 달라져야 한다. 만일 당신이 다음과 같은 경우에 해당한다면 자녀에게 과도한 관심을 쏟고 있는 것이다.

- 자녀의 일상을 손바닥 보듯 꿰고 있거나, 매일 자녀를 위해 특별한 일을 계획한다.
- 자녀가 수시로 당신의 대화에 끼어들거나, 잠시라도 당신의 관심을 받지 못하면 안절부절 한다.
- 온종일 자녀들과 함께 시간을 보내느라 혼자만의 시간을 가질 수가 없다. 혹은 자신이 원하는 일들은 중요하지 않다고 여긴다.
- 자녀의 일에 사사건건 참견하는 편이다. 자녀들은 당신의 이런 행동이 부끄럽다고 말한다.
- 자녀에게 매사 칭찬만 남발한다.

자녀에게 잘못된 행동에 대해 가르치는 일은 매우 흥미로운 일이다. 그리고 이것은 자녀가 어떠한 과정을 거치면 버르장머리 없는 아이가 되는지에 대한 논의를 불러오게 된다. 가령, 〈찰리와 초콜릿 공장〉이라는 영화에 나오는, 원하는 건 모두 손에 넣어야 직성이 풀리는 이기적인 버루카가 버르장머리 없고 나쁜 아이의 전형이라 하겠다.

그렇다면 아이의 버릇을 제대로 들이기 위한 방법은 없는 것일까? 가령, 과자를 안 사준다고 난리법석을 피우는 다른 아이의 잘못된 모습을 자녀에게 보여 준 다음, 이런 행동에 대해 다음과 같이 이야기를 나누어 보는 것도 한 가지 방법이다.

"애들은 가끔씩 잘못된 행동을 하기는 하지만, 저렇게 해서는 정말 안 되겠지? 엄마·아빠 생각에 저 아이는 갖고 싶은 건 모두 가지고 있어서 저런 잘못된 행동을 하는 것 같아."

그리고 나중에 자녀가 최신식 장난감이나 신발을 갖고 싶다고 불평을 하면, 이렇게 이야기해 주면 된다. "갖고 싶은 걸 다 갖는다고 해서 반드시 좋은 건 아니란다. 지금 갖고 싶은 걸 모두 가지게 되면 네 생각이 올바르게 자라는 데 좋지 않은 영향을 끼칠 수도 있단다"라고 말이다.

물질적으로 풍요롭게 자라난 자녀들은, 나중에 어른이 되어서 친구나 직업, 건강과 재능 등과 같이 인생에서 원하는 것을 모두 얻을 수 없다는 사실을 견디지 못할 수도 있다. 물론 인생은 누구에게나 공평한 것이 아니라는 사실을 납득하기란 쉽지 않지만 말이다.

그럴 때 당신은 다른 사람의 욕구나 필요 따위는 무시하고 제멋대로 구는 사람을 좋아할 사람이 세상에는 아무도 없다는 사실을 이야기해 주어야 한다. 자녀를 망치지 않으려면 기본적으로 당신은 자녀에게 진심으로 "안 돼"라는 말을 할 수 있어야 한다.

__ 당신은 자녀에게 충분한 관심을 쏟고 있는가?

종종 어떤 자녀들은 정말로 부모의 관심이 필요한 순간에 부모의 손길을 거부하곤 한다. 또한 어떤 부모들은 자신이 자녀를 방치하고 있다는 사실을 깨닫지 못하곤 한다. 만약 당신이 다음과 같은 경우에 해당한다면, 어쩌면 자녀가 성장하면서 마땅히 받아야 할 당신의 관심을 받지 못하고 있는 것은 아닌지 생각해 보아야 한다.

- 하루 종일 할 일이 너무 많아 자녀와 함께 지낼 시간이 없다.

- 자녀가 학교나 집에서 문제 행동을 일삼는다.

- 자녀와의 대화가 불편하거나 어색하게 느껴진다.

- 자녀에게 무슨 말을 해야 할지 도무지 모르겠다.

- 자녀가 무엇을 좋아하고 무엇을 싫어하며, 어떤 친구들과 어울리기를 좋아하고 무엇을 두려워 하는지 잘 모른다.

- 자녀는 당신과 함께 시간을 보내기보다, 텔레비전이나 컴퓨터 앞에 앉아 있거나 친구와 함께 시간을 보내는 일이 많다.

- 자녀는 이제 더 이상 아무런 상담도 해 오지 않고 당신의 말을 신뢰하지 않는 듯하다.

그렇다면 유대 관계를 쌓기 위해서 선한 관심을 보여줄 방법은 없는 것일까? 다음의 세 가지 활동이 있을 수 있다. 이 세 가지 활동은 당신과 자녀가 행복한 시간을 함께 보낼 수 있게 하는 데 초점을 맞추고 있다. 이는 일상생활에서 미뤄 온 자녀와의 유대 관계를 강화할 시간을 가지는 것을 의미한다.

또한 이와 같은 활동을 통해 부모는 자녀 교육에 꼭 필요한 몇 가지 기술들을 자연스레 터득하게 된다. 그리고 몇 주 뒤면 당신과 자녀와 함께하는 시간을 고대하게 될 것이다. 자, 그럼 당신과 자녀가 함께 할 수 있는 세 가지 활동, 즉 놀이하기, 오붓한 시간 갖기, 대화하기에 대해 알아보자.

활동	빈도	시간	연령
놀이하기	매일	10분 이상	1세
오붓한 시간 갖기	매일	10분 이상	3세
대화하기	일주일에 한번 또는 한달에 한번	1시간 이상	8세

3세 이상의 자녀를 둔 부모라면 세 가지 활동 중 두 가지 이상을 꾸준히 함께 해줄 것을 권한다. 자녀와의 친밀감을 높이는 가장 효과적인 방법은 누가 뭐래도 가족끼리 오붓한 시간 보내기인데, 당신은 자녀의 연령에 따라 가장 효과적이며 적절한 활동을 선택할 수 있다. 자녀의 연령이 3세 이상이라면 자녀와의 대화가 친밀감을 증대시키는 데 가장 효과적인 방법이며, 아직 자녀가 많이 어리다면 함께 놀아 주는 편이 친밀감을 증대시키는 데 효과적일 것이다.

가령, 자녀가 한 명이라면 하루에 한 번은 아빠가, 한 번은 엄마가 10분씩 자녀와 함께 시간을 보낼 수 있다. 그러면 자녀는 하루에 20분 동안 부모로부터 좋은 관심을 받게 되는 셈이다. 이런 식으로 자녀를 교대로 돌볼 때는 한 번에 한 명의 자녀를 돌보는 것을 원칙으로 한다.

그리고 대화 시간이나 놀이 시간은 하루에 10분 정도가 가장 적당하다. 10분이라고는 해도 어린 자녀에게는 매우 길게 느껴지는 시간이므로, 매일 투자하는 10분이 평생의 유대 관계를 좌우할 수도 있다.

그러면 이제 그러한 활동들을 어떻게 하면 더욱 효과적으로 할 수 있는지 살펴보겠다. 이를 잘 활용하면, 자녀의 정서 발달에도 도움이 될 뿐 아니라, 지금까지 힘들게만 느껴졌던 자녀 교육이 한결 덜 힘들게 느껴질 것이다. 어쩌면 당신은 이 노하우를 이미 자연스레 터득하고 활용하고 있을지도 모른다. 혹은 여태 깨닫지 못했던 사실을 깨닫고 감탄할지도 모른다.

그러나 한 가지 분명한 것은 이를 잘 익혀 두면 자녀 교육에 도움이 되면 되었지, 결코 방해가 되지 않으리라는 것이다. 그러므로 시간이 걸리더라도 천천히 익혀 자신의 것으로 만들어 보자. 세상에 공짜란 없다. 책을 읽었다고 해서 이러한 노하우가 단숨에 자신의 것이 되리라는 착각은 금물이다. 우선 자신이 알고 있는 방식과 비슷한 방식을 택하여 실천에 옮겨 보라.

그런 다음 서서히 익숙하지 않은 방식을 택하여 실천에 옮겨 보라. 놀라운 것은 이러한 노하우가 매우 보편적인 특성을 지니고 있어 심부름을 시킬 때나 숙제를 도와줄 때처럼 생활 전반에서 활용이 가능하다는 것이다.

자, 그렇다면 이 세상 모든 자녀가 반드시 누려야 할 부모와의 특별한 시간 갖기를 시작해 보자.

02

자녀와 함께 놀이 시간을 가져라
(영유아기)

__ 영유아기 자녀와 함께 놀아 주는 법

노는 것을 싫어하는 사람은 세상에 아무도 없을 것이다. 그리고 놀이는 심신 건강에 긍정적인 영향을 끼친다. 공부만 하고 놀 줄 모르면 바보가 된다는 옛말도 있지 않은가! 놀 줄 모르는 자녀는, 그렇지 않은 자녀들에 비해 창의력과 문제 해결 능력, 사회성이 떨어진다. 또한 놀이는 영유아들에게 사물의 작동 원리나 사회화, 감정 표출법 등을 익힐 수 있는 학습 기회를 제공한다.

따라서 부모는 자녀들에게 학습의 기회이자, 사회성 발달의 기회를 제공하는 놀이의 중요성을 결코 간과해서는 안 된다. 부모가 소기의 목적을 세우고 자녀와 놀아 주는 시간에는 더욱 그러하다. 그래서 심리 전문가들은 일찍이 놀이가 가족 구성원간의 유대감에 끼치는 영향력에 주목해 왔고 부모에게 자녀와 가지는 놀이 시간의 중요성을 알려

왔으며, 그 방법을 전해 왔다. 놀이를 활용하면 가족 간의 유대 관계를 강화할 수 있을 뿐만 아니라, 자녀들의 건강한 성장 발달을 도울 수 있다고 말이다.

그렇다고 해서 부모와 자녀의 놀이 시간이 지나치게 길 필요는 없다. 10분 정도면 충분하다. 한 명의 자녀만을 데리고 집중적으로 놀아 준다면 말이다. 현실적으로 부모가 개별적으로 시간을 내어 각각의 자녀와 놀이 시간을 갖는 것이 불가능할 수도 있다. 그러나 자녀의 건강한 심신 발달을 위해서라면 이 같은 노력을 결코 등한시해서는 안 된다.

영유아의 경우, 가급적이면 매일 같은 시간에 놀이 시간을 갖는 편이 좋다. 그렇게 하지 않으면 자녀들이 언제 놀아 줄 건지 물으며 하루 종일 떼를 쓸 것이기 때문이다. 놀이 시간은 낮잠을 자고 일어난 직후나 저녁 식사 이후가 가장 적당하다. 또 잠자리에 들기 전에 놀이 시간을 갖게 되면 저녁 시간을 매우 여유있게 보낼 수 있을 뿐 아니라, 자녀들이 숙면을 취할 확률이 훨씬 높아진다.

가끔씩 놀이 시간이 자연스레 길어지는 경우도 있으나, 이런 경우에는 주말에 자녀들과 놀아 줄 시간을 좀 더 확보하면 좋다. 주중에는 일상과 업무에 집중하고 말이다. 물론 주중에는 눈코 뜰 새 없이 바빠서 자녀와 놀아 줄 시간을 전혀 낼 수 없는 부모도 있을 것이다. 부모의 사정이 그러할지라도 자녀는 이를 이해하지 못한다. 어제는 좀 더 오래 놀아 주고, 오늘은 조금밖에 놀아 주지 못하는 상황을 말이다.

이러한 사태를 예방하기 위해서는 시간을 낼 수 있을 때 가급적이면 많은 시간을 자녀와 함께하는 것이 좋다. 원래 정해진 놀이 시간은 10분이라고 확실히 말한 다음, 추가 시간은 조금 더 놀아주는 시간이라고 알려 주는 것이다. "재미있니? 그럼, 엄마·아빠가 좀 더 놀아 줄게. 우리 뭐하고 놀까?"라고 말이다.

그리고 자녀가 잘못한 일이 있다고 해서 그 벌로 놀이 시간을 빼앗아서는 안 된다. 착한 행동을 했든 나쁜 행동을 했든 모두 공평하게 부모와 놀이 시간을 가져야만 한다. 부득이 벌을 줘야 한다면 놀이 시간 말고 다른 것을 빼앗는 것이 좋다. 자녀는 자신이 잘했건 잘못했건 변함없이 함께 해주는 부모를 보며 사랑을 느낄 것이다. 이로 인해 부모와 자녀의 유대감은 더욱 깊어지고, 자녀는 스스로의 잘못을 깨닫고 반성하게 될 것이다.

<table>
<tr><td colspan="3">놀이 시간에 활용할 수 있는 장난감
놀이 시간에는 전기나 배터리로 작동하는 장난감보다는 자녀들의 상상력을 자극할 수 있는 것을 선택한다. 활용 가능한 장난감은 다음과 같다.</td></tr>
<tr><td>블록 장난감
레고
과학 상자
퍼즐
마스크</td><td>미술 재료
지점토
종이와 크레파스
칠판과 분필
소꿉놀이 세트
인형의 집</td><td>옷을 입힐 수 있는 인형
레고에 들어 있는 인형
슈퍼맨이나 스파이더맨 인형
동물 인형
원목 집짓기 세트
비눗방울</td></tr>
<tr><td colspan="3">권투 장갑이나 칼, 레이저 검 등 위험한 장난감들은 피하도록 하자. 자녀들이 세게 쥐거나 입속에 넣었을 때 쉽게 파손되어 다칠 우려가 있는 장난감도 피한다. 비디오 게임이나 보드 게임같이 지나치게 승부욕을 자극하는 놀이도 좋지 않다.</td></tr>
</table>

자녀들과 놀아 줄 때는 다소 장난기를 발동할 필요가 있다. 익살스러운 목소리나 표정, 감탄사 등을 사용하는 것이다. 가면이나 의상을 준비하는 것 역시 좋은 아이디어다. 부모가 지루해 하면 자녀 역시 이를 알아차리고 흥이 떨어질 수밖에 없기 때문이다.

하지만 무엇을 가지고 어떻게 놀 것인가를 결정하는 것은 자녀의 몫으로 남겨 두어야 한다. 그리고 엄청난 실수를 저질러 다른 사람들을 다치게 할 정도가 아니라면 간섭은 금물이다. 아울러 이렇게 이야기를 시작하는 것도 좋은 방법이다.

"자, 그러면 이제부터 네가 하고 싶은 일을 다 해보는 거야. 그래도 혹시 모르니까, 하면 안 되는 일은 엄마·아빠가 말해 줄게. 그럼 우리 어디 한번 신나게 놀아 볼까?"

어쩌면 놀이 시간 동안 자녀는 부모보다 윗사람인 듯한 태도를 보일지도 모른다. 하지만 그냥 내버려 둬라! 자녀는 어쩌면 경찰관이나 선생님 또는 부모가 되는 역할극 놀이를 하고 싶어 할지도 모른다. 자녀들이 하는 행동을 유심히 살펴보면, 자녀들의 눈에 비친 부모와 어른의 모습이 어떠한지를 알 수 있다.

사실 자녀들은 부모가 놀이에 적극적으로 참여하기를 원한다. 그러면 자녀에게 무엇을 어떻게 해야 할지 물어보기 바란다. 자신은 여왕 혹은 왕 역할을 하고 부모는 하인 역할을 맡게 할 지도 모른다. 아마 자녀는 "그래. 그럼 하인아! 어서 가서 저녁 식사를 가져오너라. 지금 당장!" 하고 명령조로 말할지도 모른다. 그러면 부모는 "여왕님! 저녁으로 무얼 만들까요?"라고 하면서 분위기를 맞춰 줄 필요가 있다. 하지만 너무 많은 질문은 금물이다. 어른이 해야 할 몫은 지나친 질문을 하지 않고 자녀가 하자는 대로 놀아 주는 것이다.

그리고 놀이 시간을 마칠 때쯤 이렇게 말해 준다. "자, 이제 놀이 시간이 슬슬 끝나가는구나"라고 말이다. 영유아를 자녀로 둔 부모라면 실제로 놀이 시간을 마무리 짓기 몇 분 전에 이러한 사실을 분명히 알려 줄 필요가 있다. 놀이 시간이 끝난 다음에는 "자, 이제 놀이 시간이 끝났으니, 장난감을 정리하자. 엄마·아빠 도와줄 거지?"라고 하며 장난감 정리를 요청한다.

이 놀이의 의의는 부모와 자녀가 함께 즐거운 시간을 보내는 것임을 명심해야 한다. 자녀가 혼자서라도 더 놀고 싶어 한다면 그대로 혼자 놀게 해도 좋다.

__ 놀이 시간별 상황에 적절히 대처하라

아이가 하고 싶은 대로 놀 수 있는 시간이더라도 침을 뱉거나 욕설을 하거나 장난감을 던지고 부수거나 부모를 때리는 행위는 절대 용납해서는 안 된다. 이럴 때는 곧바로 자녀에게 경고를 해야 한다. "엄마·아빠가 놀이 시간에 하면 안 되는 행동이 있으면 말해 준다고 했지? 나쁜 행동을 계속하면, 장난감을 치워 버리고 놀이 시간을 일찍 끝낼 거야"라고 말이다.

이렇게 경고했는데도 자녀가 나쁜 행동을 계속하면 조용히 장난감을 치워 버린다. 그래도 계속해서 잘못된 행동을 하는 자녀에게는 잘못된 행동에 대해 경고를 한 뒤, 놀이 시간을 일찍 마무리 짓는다. 그리고 자녀에게 일관성 있는 태도를 유지한다.

사실 이러한 경우는 비일비재하다. 그들이 그런 행동을 하는 이유는 부모로부터 관심을 받고 싶기 때문이다. 그래서 어떤 자녀들은 정해진 놀이 시간이 끝난 후에도 놀이 시간에 했던 행동을 계속 하는 경우도 있다. 그렇다고 해서 부모가 놀이 시간을 더 줄 필요는 없다. "오늘은 이제 그만. 다음에 또 놀자. 엄마·아빠도 가서 다른 일도 좀 해야지"라고 말한 다음 자리를 뜨면 된다. "엄마·아빠도 더 놀고 싶지만, 오늘은 끝났잖니. 내일 또 재미나게 놀자꾸나"라고 말하면서 말이다.

그런데 아동기 자녀의 놀이 시간은 단지 부모와 함께하는 놀이 시간이라는 말로 표현하기에는 다소 복잡한 부분이 있다. 아동기 자녀의 놀이 시간을 위해서는 단순히 장난감 뿐만이 아니라 미술이나 수공예, 게임, 스포츠 등 다양한 분야의 지식이 요구된다. 아울러 지나치게 승부욕을 자극하는 것이 아닌, 조립식 장난감이나 요리, 수집 등과 같이 자녀가 좋아하는 일이라면 무엇이든 놀이로 응용이 가능하다.

또 자녀가 정말로 좋아하는 일이라면 같은 놀이를 반복해도 무관하다. 부모의 동참 여부는 중요하지 않다. 중요한 것은 부모가 함께 재미를 느끼는 것에 있다. 자녀가 놀이를 중단하고 싶어 한다면, 다른 활동으로 바꾸어 계속할 수도 있다. 무엇을 하고 싶은지는 부모의 간섭 없이 자녀가 결정하게 해야 한다. 그러나 약간의 제의 정도는 할 수 있다. "우리 같이 레고 만들기 할까?"와 같이 말이다.

03

자녀와 함께 오붓한 시간을 가져라
(3세 이상)

__ 자녀와 함께 특별한 시간을 보내라

자녀를 외롭게 만들고 당신에게만 재미난 일은 한켠으로 미뤄 두고, 자녀가 좋아하지만 그간 해주지 못했던 일을 해보자. 자녀는 어쩌면 당신의 이런 변화를 알아차릴지도 모른다. 그렇다고 굳이 이 시간이 엄청나게 멋질 필요는 없다. 자녀가 홍미를 느끼며 즐거워하는 일을 함께하는 것이 중요하다. 일반적으로 부모가 자녀와 함께 어떤 일을 하기로 결정했을 때는 그 일이 재미나거나 즐거워서라기보다는, 중요하기 때문인 경우가 많다.

자녀에게는 엄마ㆍ아빠가 자신과 함께 전적으로 시간을 보내는 경험 자체가 무척이나 특이하게 느껴질 수 있다. 물론, 엄마ㆍ아빠 모두가 함께 이러한 시간을 가져도 좋다. 시간은 한 시간 정도면 충분하다.

만약 자녀와 함께 시간을 보내 본 적이 별로 없거나, 자녀 교육에 있어서 어려움을 겪고 있는 부모라면 일주일에 한 번 정도 자녀와 함께 시간을 갖기를 추천한다. 그러나 이때가 그저 오붓한 일상 시간이 되어서는 안 된다. 그렇게 되면 아이가 아무런 특별함도 느낄 수 없기 때문이다.

부모가 바쁠수록 이러한 시간은 더욱 중요하다. 항상 집에서 일하는 프리랜서 부모를 둔 자녀라 할지라도 언제나 즐겁고 행복한 시간을 보내고, 부모의 관심을 듬뿍 받으며 자라는 것은 아니다. 아울러 어떠한 업종에 종사하고 있건, 지나치게 바쁘고 스트레스 가득한 삶을 살아가고 있다면, 당신 역시 정기적으로 휴식을 취할 필요가 있다.

__ 오붓한 시간을 보내는 법

당신은 자녀와 오붓한 시간을 가지기에 앞서 자녀에게 미리 그것을 주어 기대감을 높여 줄 필요가 있다. 반대로 아주 어린 자녀들에게는, 계획한 날짜가 다가오기 전까지 아무런 말을 하지 않는 것도 자녀를 놀라게 해줄 수 있는 방법이다. 그리고 계획한 날짜가 되었다면 "오늘 오붓한 시간을 한번 가져 볼까?"라고 말하기보다는 "점심 먹고 엄마랑(또는 아빠랑) 오붓한 시간을 가질 거야"라고 말해 주는 것이 좋다.

이렇게 하면 자녀들이 무슨 일인지 알려 달라고 조르는 것도 피할 수 있다. 아울러 십대 자녀들에게도 계획을 살짝 숨기는 지혜가 필요하다. 십대들은 바쁘다는 말을 입에 달고 살거나, 부모와 함께 시간을 보내기 싫어 무슨 핑계를 대고서라도 빠져나가기 일쑤이기 때문이다. 슬픈 일이지만 어쨌거나 현실은 그러하다. "숙제는 다했니? 다 했으면 영화나 한 편 보러 갈까, 우리 둘이만" 하고 말을 건네 보는 건 어떨까?

자녀에게 몇 가지 선택권을 주거나, 자녀가 좋아할 만한 일로 깜짝 놀라게 만드는 것도 좋다. 인생은 선택의 연속이며, 우리의 자녀 역시 예외가 아니다. 어쨌거나 가장 중요한 것은 당신이 오붓한 시간을 갖자고 말했다면 그 말에 꼭 책임을 져야 한다는 것이다. 만일 자신이 없다면 미리 말하지 말고 비밀로 하는 것도 좋다.

자녀가 여럿이라면, 공평하게 각각의 자녀와 함께 오붓한 시간을 가지는 것도 중요하다. 첫째는 아빠와, 둘째는 엄마와, 이런 방식으로 말이다. 그렇다면 오붓한 시간을 보내는 방법에는 어떤 것이 있을까?

- 서점이나 도서관에 간다.
- 지역 축제에 참가한다.
- 수영장에 간다(강습은 제외).
- 자전거 하이킹을 한다.
- 산책이나 등산을 한다.
- 새로 생긴 공원에 놀러간다.
- 자녀의 등을 두드려 주며 자녀가 듣고 있는 음악을 함께 듣는다.
- 만들기와 같은 작은 프로젝트를 실시한다.
- 함께 웹서핑을 하면서 자녀가 좋아하는 활동이나 연예인, 장소, 음악 등에 대한 정보를 공유한다.
- 새로 생긴 곳으로 드라이브를 간다.
- 동물원에 놀러간다.
- 맛있는 요리를 만든다.
- 학교 앞에서 기다리고 있다가 같이 아이스크림을 먹으러 간다.

- 애견샵에 들른다.

- 수공예품을 파는 시장에 간다.

- 연이나 로켓을 같이 만들고 날려 본다.

- 옷가게에 가서 자녀들이 좋아할 만한 옷을 골라 준다.

- 영화를 관람한다.

- 농구나 캐치볼을 한다.

- 놀이 공원에 간다.

- 박물관을 방문한다.

- 스포츠 경기를 관람한다.

- 봉사 활동에 참여한다.

- 오지 여행을 계획한다.

- 집 밖으로 나가 하늘을 올려다 보며 별을 관측한다.

__오붓한 시간 동안 절대 하지 말아야 할 일

자녀와 함께하기로 한 시간만큼은 무슨 일이 있더라도 절대로 비난을 하거나 언성을 높이거나 당장에 문제를 해결하려 해서는 안 된다. 이 시간만큼은 자녀에게 어떠한 부담감도 주지 않아야 한다. 가령, 학교 점심시간에 부모가 갑자기 나타나는 것은 자녀를 당황하게 할 수 있다.

별다른 준비나 엄청난 비용을 들이지 않고 자녀와 함께 오붓한 시간을 가질 수 있다면 금상첨화다. 그렇다고 이전보다 더욱 흥미진진한 일을 찾기 위해 부담을 느낄 필요는 없다. 저번에 미니카를 탔다면,

이번에는 그냥 공원에 가서 즐기면 된다. 놀이 공원이나 여행처럼 멋진 이벤트들은 가족 모두가 휴가를 즐길 수 있을 때를 위하여 남겨두는 것도 한 가지 방법이다.

하지만 자녀가 잘못을 저질렀다고 해서 그 벌로 부모와 함께 보내는 시간을 없애서는 절대 안 된다. 또한, 부모와 함께 보내는 오붓한 시간이 조건부로 주어진다는 뉘앙스를 풍겨서도 안 된다. 가령, "내일 학교에서 시험을 잘 보면, 엄마·아빠와 함께 외식을 하자"와 같은 말은 금물이다.

이 말은 곧 자녀가 잘못을 저지르면 이러한 시간이 없어질지도 모른다는 것을 의미한다. 이러한 발언은 그동안 애써 쌓아온 관계를 금가게 할 수 있는 말이다. 만약 자녀가 기특한 행동을 했을 때는 오붓한 시간을 약속하기보다는, 아무 말 없이 깜짝 선물을 안겨 주는 편이 자녀 교육에 훨씬 좋다.

__오붓한 시간이 오붓하지 않게 느껴질 때의 처방전

가끔씩 당신이 무슨 말을 해도 귀담아 듣지 않거나, 텔레비전이나 컴퓨터 게임에 빠져 있다면 자녀가 깜짝 놀라도록 충격요법을 줄 필요가 있다. 가령, 아무 말 없이 그냥 차에 싣고 어딘가 훌쩍 떠나는 식으로 말이다. 그래도 여전히 자녀가 말을 듣지 않고 당신이 하는 일에 대해서 불만을 품는다면, 당신과 자녀가 동시에 하고 싶은 일을 고르거나 자녀가 하고 싶어 하는 일에 동참하는 것이 좋다.

이러한 과정을 통해 당신은 자녀와 더욱 속 깊은 대화를 나눌 수 있을 뿐 아니라, 자녀로 하여금 당신과 함께하는 시간을 편하게 여기도록 할 수 있다. 다만 한 가지 유의할 사항은 이러한 활동은 반드시 자녀가 좋아하는 것이어야 하며, 당신도 별 다른 무리 없이 할 수 있어야 한다는 점이다. 이런 노력을 기울인 뒤에도 자녀가 별 반응이 없다면 자녀에게는 전문가의 도움이 필요한 어떤 심각한 문제가 있는 것인지도 모른다.

어떤 부모들은 자녀가 반발하거나 실없는 행동을 반복하기 때문에 이러한 시간을 갖는 것 자체가 어렵다고 토로하기도 한다. 자녀들은 부모에게서 뭔가 다른 기색을 느끼게 되면 대부분 반발하기 마련이다. 어쩌면 부모에게 1:1로 관심을 받는 것에 불편함을 느낄지도 모른다.

그럴 때는 필요에 따라 이 책에 언급된 교육 방법을 활용하는 것도 좋다. 가령, 자녀가 도를 넘는 행동을 한다면 영화 관람이나 볼링과 같이 절제된 활동을 하는 것도 좋다. 이러한 시간을 짧게 그리고 자주 가질수록 관계를 강화하는 데 있어서는 효과적이다. 그리고 이러한 활동을 계속하는 한편, 대화의 중요성을 잊어서는 안 된다.

04

자녀와 함께 대화 시간을 가져라
(8세 이상)

__ 친구처럼 대화하라

자녀와 1:1로 대화하는 시간을 갖는 것은 유대 관계를 강화하는 데 있어 아주 큰 도움이 된다. 물론 매일 이러한 시간을 가질 수 있다면 더할 나위가 없겠지만, 현실적으로 매일 자녀와 대화할 수 있는 부모는 그리 많지 않다.

그리고 대화 시간을 갖는 방법은 8세 이상의 자녀를 둔 부모들에게 주로 활용하기를 권한다. 8세 이하의 아이들은 대화보다는 놀이를 즐기기 때문에 대화 대신 함께 놀아 주는 것만으로도 관계를 증진시킬 수 있다. 아울러 자녀가 여럿인 경우 각각 대화 시간을 갖기를 권한다. 그 이유는 자녀가 여럿인 경우 대화의 주제가 서로 달라 자녀들의 이야기에 집중하기 어렵기 때문이다.

그렇다고 해서 대화 시간이 꼭 길 필요는 없다. 일반적으로 자녀와의 대화 시간은 10분 정도면 충분하다. 대화가 자연스레 길어지는 경우도 있을 수 있는데, 이는 매우 권장할 만한 일이다. 물론 10분이라는 시간 동안 이야기를 나누었다고 해서 엄청난 변화를 기대하긴 힘들 것이라고 생각하는 사람도 있을 것이다. 하지만, 어쨌거나 10분이 가져오는 변화는 엄청난 것이다.

그리고 대화를 할 때는 자녀를 나이가 어린 친구 정도로 생각하고 대하는 것이 좋다. 그렇게 하면 자녀는 당신이 자신에게 관심을 가지고 있으며, 자신의 삶에 든든한 버팀목으로 존재하고 있다는 것을 인식하게 된다. 대화하는 동안에는 주의를 분산시킬 우려가 있는 텔레비전이나 전화, 컴퓨터 등을 멀리하고 회사 업무나 다른 자녀를 돌보는 일도 잠시 멈추는 것이 좋다. 대화를 나누고 있는 눈앞의 자녀에게만 온 주의를 집중해야 하는 것이다.

아울러 대화 시간에는 자녀의 생활에 대해 이야기해 볼 것을 권한다. 무슨 말을 할지 모르겠다면 자녀에게 먼저 하고 싶은 이야기가 없는지 물어본다. 당신이나 자녀 모두 화가 날 수 있는 이야기나 중대한 결정, 해결해야 할 이야기는 차후로 미루는 것이 좋다. 그리고 자녀가 먼저 자신이 가진 문제에 대해 이야기하는 것은 상관없으나, 당신이 먼저 자녀의 문제를 지적하는 것은 좋지 않다.

십대 자녀에게는 대화 시간을 갖자고 말하기보다는 조금 우회적으로 표현하는 것이 좋다. 부모가 만일 "이야기 좀 하자꾸나"라고 말한다면, 자녀는 아마 속으로 '우리 엄마·아빠는 나를 못 잡아먹어서 안달이신가 봐. 또 시작이야'라고 생각할지도 모른다. 대신 "엄마·아빠가 좀 들어가도 되겠니?"라거나 "요즘 무슨 일 있니?"라는 말로 대화를 시작하는 편이 좋다. 굳이 이러한 표현이 아니라도 듣기에 편안한 생각이나 질문으로 대화를 시작하면 된다. 자녀가 아무 말도 하고 싶지 않다면, 굳이 강요하지는 말자.

바깥 바람을 쐬러 나가자고 하거나, 자녀의 머리를 쓰다듬거나, 물을 한잔 가져다 주는 것도 자연스레 대화를 시작할 수 있는 한 가지 방법이다. 이때 중요한 것은 자녀가 부모를 필요로 할 때 그 자리를 지키며 대화해 주는 것이고 그보다 더 중요한 것은 자녀의 말을 차분히 들어 주려는 마음가짐이다.

가능하다면 자녀에게 부모와 대화하는 습관을 길러 주기 위하여 매일 같은 시간에 대화를 유도하는 편이 좋다. 잠자리에 들기 전이나 차를 타고 장거리 여행을 할 때, 간식을 먹고 있을 때, 강아지 산책을 시킬 때, 식사를 할 때가 적절하다. 만일 자녀와 직접 얼굴을 마주할 수 없다면 전화를 해도 상관없다. 하지만 이러한 방법은 직접 얼굴을 마주하고 대화하는 것만큼 효과적이지는 않다.

__ 대화에도 기술이 필요하다

01 | 질문으로 대화를 시작하라

대화는 일반적으로 질문 형식으로 시작하는 것이 가장 좋다. 가령, "요즘 학교생활은 어떠니?", "오늘은 뭐 재미난 일 없었니?", "엄마·아빠에게 무슨 할 이야기 없니?", "저번에 봤던 그 친구는 요즘 어떻게 지내니?", "요즘 친구들이랑 재미나게 놀고 있니?" 등과 같이 자녀가 관심을 보이고 기꺼이 대답할 수 있는 질문으로 말이다. 그렇게 되면 자녀는 이런 질문에 답을 하는 것은 물론 더 나아가 "오늘 정말 신기한 걸 봤어요"라며 대화를 주도해 나갈지도 모른다.

그러면 당신은 이제 자녀의 말을 잘 들어 주기만 하면 된다. 물론 당신의 일상이나 사건 등으로 대화를 시작할 수도 있다. 그러나 이러한 대화의 주된 목적은 자녀의 말문을 트이게 하는 것임을 잊어서는 안 된다. 만약 자녀가 이야기를 먼저 시작했다면 우선 가만히 들어 주고 대화의 흐름을 따라 가라. 자녀가 대화를 주도할 수 있도록 말이다.

02 | 시시콜콜 캐묻지 마라

부모와 자녀의 대화 중 70% 가량은 부모가 자녀에게 하는 질문이라고 해도 과언이 아니다. 대화를 시작하기 위해 몇 가지 질문을 던지는 것은 무방하나, 자녀를 취조하듯 처음부터 끝까지 시시콜콜 캐묻는 태도는 금물이다. "그날 밤에 도대체 어디에 있었니?"라는 식으로 말이다. 말수가 적은 자녀로 키우고 싶다면 단답형의 질문 세례를 퍼부으면 된다고 아동 심리학자들은 말한다. 궁금한 게 있다면, "엄마·아빠 생각에는 네가 혹시~", "내가 보기에는~", "저번에 보니까~"와 같은 식으로 말문을 여는 것이 좋다.

03 | 자녀 중심으로 대화를 하라

자녀가 관심 있는 주제로 대화를 계속하라. 이러한 대화는 전적으로 자녀의 관심사에 대한 것이어야지 당신의 관심사에 대한 것이 되어서는 안 된다.

04 | 호응하라

자녀의 이야기에 관심 있게 귀를 기울인 다음, 이따금씩 자녀가 이야기한 내용을 짧게 요약하여 호응하라. "정말로 정신없이 바빴겠구나. 시험을 두 과목이나 치르고 안전 교육까지 받다니 말이야"와 같이 말이다. 이러한 당신의 호응에 자녀는 당신이 자신의 이야기에 관심을 기울이고 있다는 것을 알게 되고, 그렇게 되면 이야기는 자연스레 계속 이어지게 마련이다. "정말?", "그랬다고?", "이런!"과 같이 짧은 감탄사 형식으로 호응해 주는 것도 좋다.

05 | 생각할 여유를 줘라

일반적으로 아이들은 성인보다 질문에 대해 대답하는 데 더 오랜 시간이 걸린다. 질문을 했다면 자녀가 대답을 생각할 여유를 줘라. 대신 기다리는 동안 자녀의 눈을 바라보라.

06 | 비꼬는 어투는 금물이다

자녀와 대화할 때는 언쟁을 벌이거나, 자녀에 대해 부정적인 평가를 내리거나, 자녀의 행동을 비꼬고 놀려서는 안 된다. 당신이 농담 삼아 던진 이야기가 자녀에게는 상처가 될 수도 있기 때문이다. 만일 자녀가 불손한 말을 건넨다면, 당신은 어른답게 자녀의 잘못된 생각을 고쳐줄 필요가 있다. 그러나 만일 당신이 자녀에게 잘못된 말을 건넸다면, 한 발 물러서서 나중에라도 꼭 해명하는 것이 좋다.

07 | 진지하게 대화하라

편안한 분위기에서 대화를 하는 것과 장난식으로 대화하는 것은 전혀 다르다.

08 | 뭔가 잘못했을 때에는 대화를 하라

자녀에게 대화 시간이 가장 필요한 때는 오히려 잘못을 저지른 그 순간이다. 물론 둘 사이에 관계가 좋지 않은 날도 있게 마련이다. 그러나 그렇다고 해서 하루를 무기력하게 마무리할 수는 없다. 잠자리에 들 때만큼은 온 가족이 편안하게 휴식을 취할 수 있어야 한다.

자녀들은 매일같이 당신의 관심을 필요로 한다. 그 전날 또는 그날 자신의 행동이 어땠건 간에 자녀는 변함없이 함께해 주는 당신을 보며 자신을 향한 부모의 사랑을 실감한다.

09 | 자녀의 말에 숨겨진 기분을 파악하라

당신은 자녀의 기분까지 모두 파악하고 있어야 할까? 결론만 말하자면, 그렇다. 당신은 가끔씩 자녀의 이야기를 들으며 자녀가 어떠한 기분이었을지 생각해 볼 필요가 있다. 자녀 입장이 되어, 같은 일을 겪었다면 어떠한 기분이었을지 생각해 보아야 하는 것이다. 그렇게 되면 숙제를 잘해 선생님께 칭찬을 받았다는 자녀의 말에 "엄마·아빠는 네가 정말로 자랑스럽구나"라는 대답이 자연스레 나올 것이다.

__ 자녀의 감정을 고려하라

지능지수(IQ : Intelligence Quotient)로만 모든 것을 판단하던 시대는 지났다. 요즘에는 감성지수(EQ : Emotional Quotient)의 중요성이 점점 더 커지고 있다. 감성지수란 자신의 감정을 적절히 조절하여 원만한 인간관계를 구축할 수 있는 '감정의 지능지수'를 뜻한다.

감성지수가 뛰어난 사람은 스스로의 감정을 조절할 줄 알기 때문에 기분이 나쁘다고 해서 다른 사람들에게 상처가 되는 말이나 행동을 하지 않는다. 이러한 사람들은 업무를 포함한 다방면의 문제 해결 능력이나 타인에 대한 영향력도 뛰어난 것으로 알려져 있다. 따라서 당신은 다른 사람들보다 훨씬 행복한 인생을 살 수 있도록 감정 상태에 대해 지속적인 대화를 나눠 자녀의 감성지수를 계발해야 한다.

하지만 부모들 중에는 자신의 감정 상태를 말로 표현하는 데 어려움을 겪는 부모도 있다. 그런 부모들은 자신의 감정을 부드러운 말로 표출해 자녀가 화가 났을 때에도 부모에게 반항하거나 말문을 닫는 대신, 자연스레 스스로의 감정을 말로 표현하는 법을 익히게 해야 한다.

감성지수가 높은 이들의 또 다른 특징은 바로 다른 사람을 이해하는 능력, 즉 측은지심이 강하다는 것이다. 감성지수가 높은 이들은 타인의 감정을 이해하고 이에 민감하게 반응한다. 따라서 부모는 자녀에게 다른 사람을 배려하는 모범을 보일 필요가 있다. 그런 부모들은 다른 사람의 슬픔을 공감하고 "어떤 기분인지 알 것 같아. 기운 내"라고 말해서 자녀가 자연스레 다른 사람을 배려하는 능력을 갖게 해야 한다. 이처럼 자녀의 감성지수를 높이는 일은 단지 자녀 교육만을 위해서 필요한 일일 뿐만 아니라, 사회를 위한 일이기도 하다.

__ 솔직히 말하게 하라

당신의 자녀는 속마음을 털어놓는 편인가 혹은 그렇지 않은 편인가? 좋은 생각이건 나쁜 생각이건 모두 말이다. 우리는 조사를 통해 화를 내지 못하게 하는 부모 밑에서 자란 자녀들이, 그렇지 않은 부모 밑에서 자란 자녀들보다 훨씬 더 문제 행동을 일으킬 확률이 높다는 사실을 발견할 수 있었다.

하지만 여기서 문제는 자녀의 감정이라는 것이 부모가 이해하기에는 어렵다는 것에 있다. 가끔씩 당신이 보기에는 자녀들이 언뜻 이해하기 어려운 말이나 행동을 하는 경우가 있을 것이다. 가령, "비가 와서 짜증나"라거나 부모를 향해서 "엄마·아빠 때문에 신경질 나서 죽겠어"라는 말을 하는 것이 바로 그러한 예이다. 아울러 친구가 자신을 외면했다는 딸의 불평에 엄마가 "어머, 그래? 정말 속상했겠구나"라고 맞장구를 쳐주면 자녀는 아마 "그게 아니라, 진짜 화났어요"라고 대꾸할지도 모른다.

하지만 당신의 입장에서는 잘 이해가 가지 않는 일이라도 굳이 자녀의 감정 상태가 틀렸다고 지적을 하거나, 이를 정정하려고 노력할 필요는 없다. 당신의 역할은 단지 딸의 이야기를 이끌어내서 들어주는 것이면 족하다. "그래, 그래서 무슨 일이 있었는지 말해 보렴"하고 들어주는 것 말이다. 그리고 만일 자신의 딸이 "엄마 때문에 더 짜증나"라고 말한다고 해도 당신은 "그렇게 느꼈다면 미안하구나. 그러면 엄마가 어떻게 해줄까?"라고 어른스럽게 물어볼 수 있는 포용력을 가져야 한다.

이처럼 자녀가 예의에 어긋나는 말을 했다고 할지언정 무조건 야단치기보다는 부드럽게 이야기해 주는 편이 자녀에게 훨씬 더 좋은 영향을 미친다. 그리고 이것을 이해했다면 이제 자녀의 이야기에 귀를 기울이고 대화를 이어가면 된다.

__ '행복'에 대한 이야기를 해보자

　행복의 속성 중 가장 멋진 것은 바로 이 세상을 사는 모든 사람이 자신의 행복을 추구할 권리를 가진다는 점이다. 따라서 당신은 사람이라면 누구나 원하는 일을 택하여 행복을 추구할 수 있다는 사실을 자녀들에게 가르칠 필요가 있다. 그렇다면 행복한 사람이 되기 위한 조건으로는 무엇이 있을까?

- 자신이 좋아하는 일을 찾아내고 가급적 자주 하려고 애쓴다.
- 살아가면서 나쁜 일이 닥치더라도 피해 의식에 빠지지 않는다.
- 일상의 작은 일들에 감사하며 살아간다.
- 자기 자신을 사랑하며, 자기 비하에 빠지지 않는다.
- 자신을 믿어주고 지지하는 사람들과 함께 한다.
- 새로운 사람이나 새로운 일에 열린 마음을 갖는다.
- 낙천적인 사고를 가진다.
- 나눌 줄 아는 삶을 산다.
- 신앙을 가진다.
- 스스로 옳다고 믿는 바를 실천하기 위해 노력한다.
- 다른 사람의 잘못을 용서한다.
- 자신의 감정 상태를 있는 그대로 인정하며 이를 솔직히 표현한다.

　행복한 사람들은 무엇에도 집착하지 않고 다양한 관점에서 사물을 바라본다. 또한 불확실한 미래를 걱정하는 대신 자신에게 주어진 순간순간을 소중히 여길 줄 알며, 먼 미래의 어느 순간에 자신이 행복해질 것이라 생각하지 않고, 바로 오늘을 즐기며 살아간다.

당신이 이처럼 행복에 대해 이야기함으로써 자녀는 행복이란 이처럼 스스로 선택해 나가는 것임을 깨닫게 된다. 행복은 성적순이나 외모순이 아니라는 것도 말이다. 그리고 돈이나 외모, 사회적인 성공은 진정한 행복을 보장해 주지 않으며, 오히려 엄청난 재산 때문에 불행에 빠지는 사람들을 보면서 재산의 정도가 행복의 크기에 비례하지는 않는다는 사실도 알게 될 것이다.

그리고 당신은 사회적으로 성공한 인물을 동경하는 자녀에게, "사회적인 성공이 행복을 보장해 줄까?"라거나, "최신형 게임기를 갖는 게 좋을까, 그렇지 않으면 좋은 친구나 가족을 갖는 게 좋을까?"라는 질문을 던져 자녀로 하여금 진정한 행복의 의미에 대해 다시 한 번 생각해 볼 기회를 주어야 한다. 아울러 다음과 같은 주제에 대해서도 이야기를 나누면 좋을 것이다.

- 자녀가 이야기하고 싶어 하는 주제
- 한 주 동안 있었던 사건, 사고(자녀가 인상 깊게 느꼈거나, 깜짝 놀랐거나, 실망했거나, 행복했거나, 자랑스러웠던 일)
- 자녀가 여행을 간다면 꼭 데려가고 싶은 친구 두 명과 그 이유
- 가족이 추구하는 행복과 꿈꾸는 미래
- 가족이 꿈꾸는 미래
- 자녀가 학교에서 배워 온 새로운 지식
- 자녀가 좋아하는 책, 영화, 만화에 관한 이야기
- 종교나 신념이 일상생활에 끼치는 영향
- 취미나 가족 여행, 학교, 스포츠, 친구 등에 관한 이야기

- 자녀가 걱정하는 일에 관한 이야기

- 일가친척의 신변 소식에 관한 이야기

- 휴가나 휴일 계획

05

자녀에게 더 많은 관심을 쏟는 방법

__ 자녀를 즐겁게 해 주는 일이 최우선!

보통 익살을 부리거나 재롱을 떠는 쪽은 자녀이다. 하지만 당신과 자녀가 그 역할을 바꿔 보는 것은 어떨까? 동심으로 돌아가 어린아이가 된 것처럼 행동해 보는 것이다. 예기치 못한 행동을 하거나, 웃음을 유발하는 행동을 하면 자녀들은 전보다 당신을 훨씬 가깝게 느끼게 된다.

그런데 이런 행동을 할 때 조심해야 할 것이 있다. 부모 입장에서는 웃기려고 한 행동이 오히려 자녀를 놀라게 할 수도 있다. 아울러 웃기는 것과 지저분한 것은 전혀 다르다. 가령, 겨드랑이나 코로 이상한 소리를 내거나 누가 더 많이 먹는지 내기를 하는 행동은 자녀에게 부정적 영향을 미칠 수도 있다.

그리고 도를 지나치거나 가족들 중 누군가가 다칠 우려가 있는데도 마냥 웃어서는 안 된다. 만일 자녀들이 그래도 장난을 친다면, 먼저 자녀들을 진정시킬 필요가 있다. "지금부터는 조용히 하는 시간이야"라고 말이다. 그래도 계속 떠들고 놀려고만 한다면 "이제부터 조용히 하는 거야"라고 자녀들에게 다시 한 번 이야기를 한다.

자녀가 부모와 함께 있을 때 즐거움을 느끼지 못한다면, 상대적으로 친구와 보내는 시간이 점점 늘어나게 마련이다. 십대 자녀들은 자신들을 이해하지 못하는 기성세대의 권위 의식 때문에 종종 문제를 겪는다. 부모를 깐깐하고 비판적인 사람으로만 여기는 자녀가 부모와 소통할 리 만무하며, 공동체 의식을 갖기는 더더욱 어렵다. 그렇게 되면 십대들은 자신들이 쉽게 받아들일 수 있는 또래 집단이나 친구들과 자신의 정체성을 동일시하기 시작한다.

유년기의 친구 관계는 한 사람의 인생에 매우 중요한 영향을 끼친다. 특히나 가정에서 받아야 할 관심을 받지 못한 청소년들에게는 더더욱 그렇다. 그러므로 다소 실없이 보이거나 부모로서의 위엄을 버리는 것처럼 보일지라도, 자녀들에게 정기적으로 웃음을 안겨 줄 필요가 있다. 자녀 교육이란 우리가 항상 머릿속에서 그려온 것만큼 심각하기만 한 일은 아닐지도 모른다.

__ 잠자리에서만큼은 공주님과 왕자님처럼!

미 공중 보건국의 연구 결과에 따르면 자녀의 취침 시간에는 고요하고 안정적인 분위기를 유지하는 것이 좋다고 한다. 잠자리에 들기 전 자녀와 편안한 대화를 나누거나, 동화책을 읽어 주는 것도 좋다. 영유아는 노래를 들려 주며 살살 흔들어 주는 것이 좋으며, 아동기의 자녀는 동화책을 읽어 주거나 그날 하루 있었던 일을 이야기하며 등을 다정하게 쓰다듬어 주는 것이 좋다. 세월이 지나면 자녀와 함께하는 취침 직전의 편안한 시간이 그 어떤 보물과도 바꿀 수 없는 소중한 것이었음을 깨닫게 될 것이다. 자녀가 십대라고 해도 이는 마찬가지이다.

당신은 내일을 준비해야 하는 상황에서 자녀들을 조용하고 편안하게 꿈나라로 보내는 일이 얼마나 힘든지 잘 알고 있을 것이다. 따라서 집안 일이나 회사일은 가급적이면 낮 시간에 끝내 놓는 편이 좋다. 그리고 자녀들이 잠자리에 들 시간이 되면, 하던 일을 멈추고 자녀를 재우는 일에 열중해야 한다. 해결해야 할 문제나 가족 간의 불화 등 눈앞의 문제가 어떤 것이건 모두 미루고 말이다.

아울러 잠자는 시간만큼은 정확히 지켜 충분한 숙면을 취하도록 하는 것이 좋다. 물론 취침 시간을 지키는 데 가장 큰 장애물인 텔레비전은 일정 시간이 되면 꼭 끄도록 한다. 숙면은 자녀의 신체적 성장과 정신적 발달에 엄청난 효과를 가져온다. 아래 표를 참조하여 자녀의 연령대별 권장 수면 시간에 대해 알아보자. 자녀의 수면 패턴과 수면량이 이 표와 현격한 차이를 보인다면, 소아과나 수면 클리닉에 문의하는 것도 좋은 방법이다.

연령	총 수면 시간	밤 수면 시간	특이 사항
2개월 이하	16~20시간	–	불규칙적인 수면 시간
2~12개월	13~15시간	9~12시간	차츰 밤 수면이 늘어나는 시기이며 9개월 정도 되면 전체 영유아의 3/4정도가 밤에 수면을 취한다.
1~3세	12~14시간	11~13시간	대개 하루에 1시간 이상, 3시간 이하의 낮잠을 잔다.

3~5세	12~14시간	11~13시간	3세에서 5세 이하의 아이들은 대개 낮잠을 자지 않는다.
6~12세	10~11시간	10~11시간	10세 이하의 아이들은 대개 밤잠을 잘 이루지 못한다.
13~18세	8.5~9.5시간	8.5~9.5시간	13세 이상의 십대 청소년들은 대다수 늦은 시간까지 잠을 자지 않는다. 따라서 규칙적인 수면 습관을 가지도록 유도한다.

__ 가족 모임을 자주 가져라

가족 모임은 자녀 교육으로 인한 스트레스를 푸는 좋은 계기가 된다. 가족 모임이라고 해서 거창하게 생각하기 보다는, 그저 한 달에 한두 차례 정도 모든 가족 구성원이 한 자리에 모여 가족에 관한 이야기를 나누는 시간이라고 생각하면 된다. 여기서 중요한 것은 이 모임의 목적이 반드시 문제를 해결하는 것만은 아니라는 것이다. 물론 이러한 모임을 통해 가족 내의 여러 가지 문제를 해결할 수 있다면 이보다 좋은 일은 없을 것이다.

그러나 그보다는 가족 모임을 통해 가족 구성원 전체가 중시하는 것에 대한 가치를 재정립하거나 재미난 행사를 기획하는 등 여러 가지 소중한 경험을 쌓아 나가는 데 목적을 두는 것이 좋다. 그리고 원하는 주제를 선정하여 자녀들로 하여금 토론하게 하는 것도 좋은 방법이다. 하지만 여느 토론들과 마찬가지로, 이 역시 사회자를 선정하여 모두에게 공평한 발언 기회가 주어지도록 배려할 필요가 있다.

이때 사회를 맡는 것은 성인인 부모가 해야 할 몫이다. 가족 구성원 모두가 자신의 의사를 고루 표현할 수 있도록 배려하되, 비난이나 조론은 삼가야 한다. 그리고 결론을 내릴 때는 가족 구성원 모두의 의견을 고루 반영해야 한다.

그렇다면 가족 모임에서 토론할 수 있는 주제로는 어떤 것이 있을까? 다음과 같은 것들이 있을 수 있다.

- 집안 일 분담하기(가족이 모두 집안 일에 참여할 수 있도록 한다)
- 주말에 할 수 있는 재미난 일 또는 주말 여행 계획하기
- 생일이나 기념일 등 가족 행사 준비하기
- 출근 시간에 서두르지 않도록 저녁에 미리 해둘 수 있는 일 찾기
- 봉사 또는 종교 행사 참여하기
- 가족끼리 지켜야 할 규칙 정하기

또한 가족 모임과 함께 가족 간의 식사 시간을 가지는 것도 좋다. 식사는 단순히 음식물을 섭취하는 것 이상의 의미를 가진다. 편안한 분위기 속에서 온 가족이 함께하는 식사는 가족 구성원간의 유대감을 강화시킨다. 그러므로 가족이 모두 모여 식사할 기회는 많으면 많을수록 좋다. 식사 시간은 편안해야 하므로, 자녀들이 이야기하기를 원치 않는 문제는 가급적 꺼내지 않는다. 식사 시간에는 식사와 대화에 집중할 수 있도록 텔레비전은 끄도록 한다.

__ 스킨십을 아끼지 마라

자녀들은 부모의 사랑을 먹고 자란다. 한 연구 결과에 따르면 부모

의 사랑을 받지 못하고 자란 미숙아나 고아는 정서적·신체적 발달에 장애를 가지며 심지어는 단명할 확률도 매우 높다고 한다. 그러므로 자녀에게 사랑의 손길을 아끼지 마라.

손을 잡고 이야기하거나 안아 주거나 등을 두드려 주거나 머리를 쓰다듬어 주는 행위는 부모의 사랑을 전달해 자녀에게 정서적 안정감을 느끼게 한다. 하지만 나이가 들수록 자녀들은 공공장소에서 부모와의 스킨십에 불편함을 느끼기 마련이므로, 이런 경우에는 가급적 애정 표현을 자제한다.

자녀들은 부모로부터 관심을 받기 위해 종종 잘못된 행동을 저지르는 경우가 있다. 놀랍게도 자녀들이 평상시에 저지르는 잘못의 70%는 이것이 원인이라고 한다. 한 예로 막 태어난 필자의 아들을 병원에서 집으로 데려왔을 때 세 살배기 딸은 동생이 생긴 기쁨에 어쩔 줄을 몰라 했으나, 채 2주일도 지나지 않아 동생을 꼬집거나 장난감을 부수는 등 말썽꾸러기로 돌변했다.

어느 날 동생을 괴롭히고 있는 것을 본 우리 부부가 딸에게 물었다.

"엄마·아빠가 너만 봐줬으면 좋겠니?"

그러자 딸은 울음을 터트리더니, 이렇게 말했다.

"엄마·아빠가 나만 봐줬으면 좋겠어요."

우리는 딸을 잠시 안아 준 다음 사랑한다고 속삭여 주었다. 그러자 딸은 더 이상 말썽도 부리지 않고 예전처럼 착하게 놀기 시작했다. 그 사건 이후 우리는 딸에게 기분 나쁜 일이 있거나 질투가 나면, 엄마·아빠에게 다가와 자신을 봐달라고 이야기하라고 가르쳤고, 딸아이도 그렇게 했다.

이처럼 어린 자녀도 올바른 방식으로 관심을 요청하는 법을 충분히 배울 수 있다. 따라서 당신은 자녀들에게 "엄마·아빠 나 좀 봐주세요"나 "우리 이야기 좀 해요"라고 표현하는 법을 가르칠 필요가 있다. 이런 표현법을 가르치게 되면 상황이 악화되는 것을 미연에 방지할 수 있다.

가령 아침부터 짜증을 부리며 잠에서 깨어난 자녀에게 "엄마·아빠가 뭘 해줄까?"라고 물으면 자녀는 울고불고 난리를 치는 대신, 의사를 표현할 기회를 가지게 된다.

세 번째 비법

조용히 말하기

열린 마음과 건강한 자존감을 갖춘 자녀로 성장시켜라

01

조용하고 차분한 어조로 말하라

__ 부모가 변해야 자녀도 변한다

이 세상 모든 부모는 자신의 말을 귀담아 듣는 이상적인 자녀를 꿈꾼다. 하지만 이상과 현실은 다르다. 말 잘 듣는 자녀를 내려 달라고 천지신명께 마르고 닳도록 빌어도 마찬가지다. 그리고 자녀들이 부모들부터 가장 흔히 듣는 말은 바로 이러한 것들이다.

"또 말 안 듣는구나."

"도대체 왜 엄마·아빠 말을 안 듣는 거니?"

"엄마·아빠가 뭐라고 그랬어?"

하지만 미안하게도 자녀의 뇌는 이것을 모두 한 가지 의미를 가진 말로 변환해 내는 탁월한 능력을 가지고 있다. 모두 잔소리로 여기는 것이다. 이처럼 아무리 많은 말을 한다고 한들, 자녀는 자신이 수용할 수 있는 범위 안에서 부모의 말을 이해한다. 이것이 바로 부모들이 아무리 반복해서 이야기해도 자녀의 행동에 전혀 변화가 없다고 불만을 토로하는 까닭이다.

부모들이 자녀에게 바라는 것은 바로 행동이다. 하지만 부모들은 자녀에게는 변화를 요구하면서도 정작 본인은 하나도 변하는 게 없다는 중요한 사실을 간과한다. 부모가 변해야 자녀도 변한다.

실제로 우리는 지난 수년간의 연구 결과를 통해 부모의 대화 방식에 따라 자녀의 태도가 180도 달라진다는 점을 발견할 수 있었다. 부모가 조용하고 차분한 어조로 이야기할 때 자녀는 부모의 말에 귀를 기울이고 부모의 충고를 실천에 옮길 확률이 훨씬 더 높아지는 것으로 드러났다.

이에 우리는 자녀의 행동에 변화를 불러올 수 있는 대화 방식에 대해 설명을 하고자 한다. 부모가 먼저 태도를 바꾸면 자녀도 자연스레 예의를 지키면서 부모를 멀리하지 않을 것이다. 지금까지 당신은 자신이 내뱉은 말이 자녀에게 어떻게 받아들여졌을지 한 번이라도 생각해 본 적이 있는가?

이 장에서 우리는 자존감의 참된 의미가 무엇인지 그리고 자녀가 다른 사람의 말에 귀를 기울이게 하는 동시에, 진정한 자존감을 지킬 수 있는 방법은 무엇인지 알아보게 될 것이다.

엄청난 비밀이 숨겨져 있을 것 같지만 그것은 사실 생각보다 간단하다. 바로 자녀와 대화할 때 조용하고 차분한 어조를 사용하는 것이다. 그러기 위해서 우선, 자녀 교육에서 가장 큰 스트레스로 손꼽히는 '화'를 다스리는 것에 대해서 알아볼 필요가 있다.

화만 안 내도 절반은 성공!

세상에 화를 낼 줄 모르는 부모는 없다. 신사임당이라 해도 마찬가지다. 부모가 화를 내는 가정의 분위기가 화기애애할 리 없다. 특히 그 화가 부적절한 방식으로 표출될 때는 더욱 그렇다. 여기서 부적절한 방식이라 함은 반드시 상대방을 비하하거나, 공격하거나, 물리적인 위협을 가하는 것만을 뜻하는 것은 아니다.

여기에는 자녀에게 지나치게 굴었다는 자각이 드는 모든 행동이 포함된다. 가령, 부모가 공격적인 성향을 드러내면서 과격한 말로 자녀의 잘못을 지적하거나, 자녀가 무서워할 정도로 위협적인 말을 하거나, 자녀가 소중하게 여기는 것을 폄하하고 파손하는 행위가 모두 여기에 해당한다. 그리고 이렇게 화를 내거나 공격적인 성향을 가진 부모는 자녀로부터 결코 사랑받거나 존경받을 수 없다.

또한 스트레스와 질병을 불러오는 화는, 자녀 교육을 힘들게 만드는 가장 큰 원인이 되기도 한다. 화가 자녀 교육을 힘들게 하는 이유는 앞서 설명한 것처럼 자녀를 꾸짖을 때의 방식과 관련이 있다. 부모가 부적절한 방식으로 화를 낼 때는 대개 이성적인 사고가 마비되거나 음주 후라는 사실을 기억하자.

한편, 화가 나도 남이 그 기분을 알아차릴 수 없도록 행동하는 부모도 있다. 하지만 지나치게 화를 표출하는 것도 문제이나, 그 반대의 경우도 큰 문제가 된다. 지나치게 화를 참는 행위는 우울증이나 약물 오남용, 화병, 노이로제 등 심각한 부작용을 불러올 수 있기 때문이다. 따라서 지나치게 자주 우는 편이라면 이 역시 전문적인 상담을 필요로 한다.

화를 내는 것은 쉽다. 하지만 이를 올바로 해소하기란 결코 쉽지 않은 일이다. 그러나 노력을 기울인다면 세상에 불가능한 것은 없다. 그리고 부모가 화를 다스리게 된다면 이 모습을 보고 자라는 자녀 역시 화를 다스리는 법을 터득하게 될 것이다.

그렇다면 당신이 건전한 방식으로 화를 표출하고 있는지 그렇지 않은지 어떻게 판단할 수 있을까? 만일 당신이 화가 났을 때 자녀에게 그 이유를 조목조목 설명할 수 있고, 자녀에게 무엇을 어떻게 해야 할지 차분하고도 침착하게 설명할 수 있다면 건전하게 화를 내고 있는 것이다. 그리고 당신이 단순히 감정적으로 대하고 있지 않다는 사실을 알게 되면 자녀도 당신의 말에 확신을 가지게 될 것이다. 그렇게 되면 당신도 자연스레 자신의 말과 행동을 한 번 더 생각해 볼 기회를 갖게 된다.

그리고 만약 당신이 머리 끝까지 화가 치미는 상황이라면, "화가 나서 미칠 것 같아!"라고 외치기 전에 하나부터 열까지 세면서 심호흡을 해보라. 그래도 화가 풀리지 않는다면, "네가~"로 시작하는 2인칭 주어의 문장 대신, "내 생각에는~", "내가 느끼기에는~"이라는 1인칭 주어의 문장으로 자신의 기분을 솔직히 표현하는 것이 좋다.

스트레스를 해소하는 것은 누구에게나 필요하다. 그러나 단지 곁에 있다는 이유만으로 자녀가 그 대상이 되어서는 안 된다. 자녀는 아무렇게나 화를 풀어도 되는 대상이 아니다. 정말로 화가 많이 난다면 동네 한 바퀴를 산책해 보는 건 어떨까. 그도 아니라면 베개나 침대 매트리스를 털어라. 비 오는 날 먼지 나도록 말이다. 운동을 하거나 일기를 쓰고 기도나 명상을 하는 것도 마음이 차분해지는 효과를 얻을 수 있는 방법이다.

만약 건전하게만 풀 수 있다면 화도 변화를 불러올 수 있는 원동력이 된다. 자녀를 볼 때마다 화가 난다면, 이는 곧 부모가 자녀와의 관계 개선을 위해 노력해야 함을 의미한다. 이상한 직장 동료나, 속을 뒤집어놓는 친척 등 마음에 들지 않는 사람과 같이 생활하기가 얼마나 힘든지 생각해 보면 아마 이것이 이해가 될 것이다.

자녀에게 올바른 방식으로 화를 표출하고 있는지 확신이 서지 않는 부모라면, '거울요법'을 활용하는 것도 좋다. 거울 앞에 서서 눈을 감고 자녀들에게 화를 내고 있는 자신의 모습을 떠올려 보라. 당신은 지금 자녀들 때문에 머리 끝까지 화가 치민 상태이다. 그렇다면 이제 눈을 뜨고, 거울을 바라보며 자녀에게 하듯 대화를 시작해 보라. 자기 모습이 어떻게 여겨지는가? 다른 사람의 눈에는 어떻게 비춰질 것 같은가? 이러한 방법을 활용하면 당신은 자신의 모습이 과연 자녀들의 눈에는 어떻게 비칠 것인지 알 수 있을 것이다.

02

평상심을 유지하는 방법

1장에서 우리는 이미 어떻게 하면 논리적인 사고와 평상심을 유지할 수 있는지 살펴보았다.(사고-감정-행동이라는 삼각형의 법칙을 기억하는가? 지나친 생각에서 빠져나오는 법도 말이다) 그렇다면 이번에는 조금 다른 방식으로 스트레스를 받지 않고 화를 다스릴 수 있는 방법을 살펴보자.

01 | 자신의 모습이 생중계되고 있다고 상상하자

당신이 자녀들을 대하는 모습이 텔레비전에 어떻게 비칠 것 같은가? 헤어 스타일이나 옷 입는 감각 말고 말이다. 이러한 모습을 다른 가족이나 친구들, 회사 동료들이 본다면 어떻게 생각할 것 같은가? 다른 부모들이 당신이 자녀들에게 화를 내는 모습을 본다면 당신을 어떻게 생각할 것 같은가? 자녀들 때문에 화가 났을 때는 제 3자의 눈이 자신을 지켜보고 있다는 상상을 하라.

02 | 로봇인 척하자

감정이 없는 로봇처럼 굴겠다는 생각은 실제로 우리를 그렇게 행동하도록 만들어 준다. 로봇이나 컴퓨터의 음성을 따라해 보라. 아니면 좋아하는 무생물 중 어떠한 것이라도 좋다. '나는 오이다. 나는 오이다. 나는 오이만큼 차갑고 시원하다' 라고 되뇌이다 보면, 바로 코앞에서 엄청난 일이 벌어진다고 해도 눈 하나 깜짝 않고 차분하면서도 냉정하게 대처할 수 있게 된다.

자, 이제 마음속으로 되뇌어 보라. '어린 자녀 때문에 냉정함을 잃을 수는 없어' 라고 말이다. 냉정함을 지키고 매사에 이성적으로 대처하게 되면 스트레스도 덩달아 줄어들 것이며, 당신의 변화된 모습에 자녀들 역시 변화하게 될 것이다. 연구 조사에 따르면 확실히 그러하다. 당신이 변하면 자녀의 행동 역시 변하기 마련이다.

03 | 큰소리로 웃자

웃음은 당신과 자녀 사이의 관계를 회복시켜 줄 뿐 아니라, 생활에 활기를 더해 준다. 손 댈 수 없을 정도로 악화일로에 놓인 상황이라면 잠시 손을 떼고 관망하는 것도 좋은 방법이다. 이때 한 가지 주의할 점은 자녀들로 하여금 당신이 자신을 비웃고 있다는 착각에 빠지게 해서는 안 된다는 것이다.

만약 당신이 큰 소리로 웃었을 때 자녀가 "저보고 그러는 거예요?"라거나 "엄마·아빠 나빠요"라는 반응을 보인다면, 자녀에게 그런 것이 아니라는 사실을 확실히 설명해 줄 필요가 있다. 웃음은 스트레스 완화에도 큰 효과를 가진다. 그렇다고 해서 자녀가 심각한 잘못을 저질렀는데 웃고 넘겨서는 안 된다.

부모라면 가령, 코미디언이나 래퍼 또는 만화 캐릭터와 같은 말투로 자녀들의 주의를 사로잡을 수 있어야 한다. 부모가 이러한 말투로 자녀들의 주목을 끌면 자녀들은 처음에는 웃겠지만, 천천히 부모의 말에 주의를 기울이게 될 것이다.

04 | 속삭여라

자녀가 말썽을 부리고 있다면, 자녀의 귀에 대고 조용히 속삭여 보라. 자녀는 당신이 무슨 말을 하는지 듣기 위해서라도 우선 목소리를 낮출 것이다. 마법 같은 효과를 불러일으키고 싶다면 가끔씩 자녀의 귀에 대고 속삭여라. 그러면 아마 자녀도 똑같이 당신에게 속삭일 것이다.

05 | 혼자만의 시간을 갖자

자녀들이 말썽을 피우는 것에 지쳤다면, 잠시 방을 떠나있는 것도 좋은 방법이다. 물구나무를 서거나, 목에 수건을 두르고 화장실로 가 머리를 감는 것도 좋다. 단지 몇 분 동안만이라도 탈출구를 찾아 보라. 기분이 차분해진 다음 다시 돌아올 수 있도록 말이다.

물론 자녀들은 한시도 당신과 떨어져 있지 않으려 할지도 모른다. 이때는 집 안에 있는 다른 어른들에게 잠시 자녀들을 맡겨두라. 만약 집에 아무도 없다면 자녀들을 무서워하지 않을 만한 안전한 장소에 두고 잠시 옆방에 가 있는 것도 한 가지 방법이다.

06 | 화가 난 이유에 대해 생각해 보라

당신이 화난 이유는 자녀의 행동 탓이지, 자녀 탓이 아니다. 자녀의 행동에 대해 화난 것을 자녀 탓으로 돌리지 마라. 이것만 기억한다면, 당신은 자녀의 행동에 대해 감정적으로 대응하지 않을 수 있다. 자녀의 행동이 마음에 안 든다고 해서 자녀를 미워할 수야 없지 않은가!

07 | 나무보다 숲을 보라

사실 자녀가 말썽을 피우는 것은 그렇게 걱정할 일이 아닐지도 모른다! 실제로 자녀가 아무리 심각하게 말썽을 부린들, 말기 암이나 자연재해만큼 인생에 되돌릴 수 없이 심각한 영향을 끼치는 것도 아니다. 그러므로 자녀의 행동에 따라 지나치게 좌지우지될 필요가 없다. 나무보다는 숲을 보라. 자녀가 문제가 있는 행동을 조금 한다고 해서 자녀가 문제아는 아니다.

08 | 머리에 꽃을!

자녀가 말썽부리는 모습을 보고 고함을 지르고 싶다면 "애들아, 모두 이리 와 보렴" 하고 자신이 낼 수 있는 가장 부드럽고 예쁜 목소리로 자녀들을 불러 모은 다음 차라리 춤을 추거나, 노래를 불러라. 버럭 고함을 지르는 대신 말이다. 이런 식으로 하면 자녀들을 잠잠하게 만들 수 있을 뿐 아니라, 그간 받아왔던 스트레스도 한방에 날려버릴 수 있다.

09 | 건전한 방식으로 화를 풀자

28페이지의 건전한 방식으로 화를 푸는 법과 그 반대의 경우에 대해 다시 한 번 생각해보는 시간을 가져보라.

10 | 화난 원인을 찾아라

자녀 때문이 아니라 배우자나 직장 상사, 경리 담당 직원 등과 같은 사람 때문에 화가 났음에도 불구하고 자녀에게 화풀이를 한 적이 없는지 곰곰이 생각해 보라. 가끔씩 우리는 정작 화가 나도록 원인을 제공한 사람이 아닌 다른 사람에게 분풀이를 할 때가 있다. 만일 자녀에게 이렇게 한 적이 있다면, "오늘 회사에서 좋지 않은 일이 있어서 기분이 별로 안 좋단다. 엄마·아빠가 화가 난 것처럼 보여도 네가 잘못해서 그런 것이 아니란다"라고 말해 줄 필요가 있다. 4세 이상의 자녀라면 부모의 이 말을 충분히 이해하고, 어쩌면 부모를 도우려 할지도 모른다.

11 | 자신의 기분을 파악하라

화난 마음을 들여다보면 흔히 화 말고도 또 다른 감정이 도사리고 있는 것을 발견할 수 있다. 사람들은 다른 사람들로부터 감사하다는 말을 듣지 못했거나 두렵거나 당황하거나 수치스럽거나 모멸감을 느끼거나 어색함을 느낄 때 흔히 화를 내곤 한다.

가르침을 줄 수 있는 대화하기

__ 대화를 통해 자녀에게 올바른 가르침을 주라

지금까지 조용히 자녀를 가르치는 법에 대해 살펴보았다. 그럼 이 제부터는 대화로 자녀를 가르치는 법에 대해 살펴보자. 자녀를 기르는 부모라면 누구나 '어째서 똑같은 이야기를 매번 반복해야만 할까?' 라는 의문을 가진 적이 있을 것이다. 이에 대한 해답을 찾지 못한 부모라면 이 장에서 그 해결 방법을 찾을 수 있을 것이다. 똑같은 이야기를 여러 번 반복할 필요 없이 단번에 자녀를 이해시켜 말을 듣게 할 비책을 말이다.

지금부터 설명하는 대화법은 여러 연구를 통해 가장 효과적인 방법이라고 검증받았고 전문가들로부터 수년간 전수되어 온 것이므로, 그 효과를 의심하지 않아도 된다. 이 방법이 좋은 또 다른 이유는 바로 자녀가 스스로 결정하고 행동하게 하며, 진정한 자존감의 의미를 깨달게 한다는 데 있다.

강압적으로 이끌면 자녀가 따라올 것이라고 생각하는 사람도 있을 것이다. 하지만 그런 잘못된 방식으로는 결코 좋은 결과를 얻어낼 수 없다. 그리고 이러한 사고방식을 가진 부모와 스스로 옳다고 믿는 것을 행하려 하는 자녀는 결코 친밀한 유대 관계를 유지할 수 없다.

그러면 이제 본격적으로 대화를 통해 자녀를 가르치는 법에 대해서 살펴보자. 이미 이러한 방법을 실생활에서 활용하고 있는 사람도 있을 것이다. 우선 아래 글을 읽고 자신이 가장 마음에 들거나, 친숙하게 느껴지는 한두 가지 방법을 선택하여 시도해 보자. 그리고 가장 좋은 방법은 가급적이면 자주 사용하여 습관이 되도록 하자. 익숙해질수록 화가 나거나 스트레스를 받은 상황에서도 더 잘 활용할 수 있을 테니 말이다.

___ 대화를 통해 가르침을 주는 대화법

 자녀에게 원하는 것을 직접적이고 상세하게 설명하기

자녀가 반드시 해야 할 일은 부탁의 형식을 빌지 않고 직접적이고 상세하게 설명한다.

"나가서 쓰레기 좀 버리고 오지 않을래?" → "나가서 쓰레기 버리고 오렴."

전달 효과를 최대로 높이기 위해서는 직접적으로 자신이 원하는 바를 상세하게 설명하는 것이 최고다. 그러기 위해서는 "코트 좀 걸어라", "동생한테 점심 때 밥 먹으러 집에 들르라고 하렴"과 같이 누가 무엇을 어떻게 해야 하는지 분명히 할 필요가 있다. 이름을 부르며 정확하게 말할 때 자녀는 당신의 부탁을 명확하게 알아듣고 더욱 잘 실천한다.

당신이 해야 할 일을 직접적으로 말하지 않는 경우, 자녀들은 그 일을 해야 할지 말아야 할지 잘 파악하지 못할 뿐만 아니라 자신에게 선택권이 있는 줄로 착각할 수 있다. 특히 이러한 애매모호한 형태의 부탁은 주로 의문문인 경우가 많은데 "밥 먹게 좀 앉을래?", "이모 집에 전화 좀 할래?", "옷은 옷걸이에 걸어 두었니?" 등이 바로 그러한 예이다.

이러한 의문문은 "예" 또는 "아니요"라고 답할 결정권이 자녀에게 있는 것으로 판단하게 만들어 당신의 말을 실천에 옮기지 않게 한다. 따라서 자녀에게 어떤 일을 시켜야 한다면, 의사 표현을 분명히 하라. 애매모호한 말투는 자녀의 판단 체계에 혼란만 일으킬 뿐이다.

직접적으로 말하는 것 외에도 당신은 자녀에게 이야기할 때 비교적 상세하고도 정확하게 자신이 원하는 바를 전달할 필요가 있다. 당신이 자녀에게 알아들을 수 없는 이상한 말을 건넬 때마다 백 원씩 주는 벌칙을 정한다면 자녀는 아마 백만장자가 될지도 모른다. 당신이 하는 말 중에 의미가 명확하지 않은 말로는 다음과 같은 것들이 있다. "조심해야지!", "안 돼", "당장 그만두지 못해", "이거 하고 싶어?", "엄마·아빠 두 번 다시 안 간다" 등이 그것이다.

이러한 말은 성인에게는 뜻이 분명하게 전달되지만 자녀들에게는 아리송한 경우가 많다. 가령, 당신이 "그만!"이라고 말하면 자녀들은 '뭘 그만하라는 말일까?'라고 생각하고, "나잇값도 못하고!"라는 말에는 '나잇값이 도대체 뭐지?'라고 생각하기 쉽다. 당신이 자신의 의사를 분명히 표현하면 자녀가 부리는 말썽이 1/3은 줄어든다. 따라서 자녀에게 말을 할 때는 의사 표현을 분명히 하자.

해서는 안 되는 일 대신 해야 할 일 말하기

나쁜 행동을 그만하라는 말 대신 옳은 행동을 말해 주는 편이 학습에 효과적이다.

"고함 지르고 뛰어다니면 안 돼." → "천천히 걸어다녀야지."
"밤늦게 쏘다니지 마라." → "10시까지는 집에 들어오너라."

일반적으로 부모들은 어떤 행동을 하라고 정해주기보다는 어떤 행동은 그만하고, 어떤 행동은 하지 말라고 잔소리만 늘어놓는 경우가 많다. 가령, 차를 운전하던 중 자녀들이 떠드는 소리 때문에 뉴스를 들을 수 없는 경우, 당신은 자녀에게 "조용히 좀 해!"라고 이야기할 것이다.

그러면 아마 자녀들은 얼마간 조용해졌다가 다시 시끄럽게 장난감을 가지고 놀기 시작할 것이다. 말만 하지 않으면 노는 것은 상관없다고 생각하기 때문이다. 하지만 여전히 당신은 그 소리 때문에 뉴스에 집중할 수 없다. "조용히 좀 해!"라는 말 대신 "엄마·아빠가 이 뉴스는 꼭 들어야 하니, 몇 분 동안 조용히 좀 하렴"이라고 했더라면 이러한 사태를 겪는 대신 조용히 뉴스에 집중할 수 있었을 것이다.

물론 처음에는 무엇을 하지 말라고 말하는 대신 무엇을 하라고 말하는 것이 어렵게 느껴질지도 모른다. 하지만 그렇더라도 자녀들이 말썽을 부릴 때 어떻게 행동해야 하는지 말해 주는 연습은 필요하다. 가령, 자녀가 탁자 위에서 장난감을 거칠게 다루며 논다면, "장난치지 마!"라고 말하는 대신 "장난감을 예쁘게 가지고 놀아야지"라고 말해 보라. 오빠가 여동생을 골탕 먹이고 있다면, "동생 괴롭히면 안 되지!"라고 말하는 대신, "동생에게 예쁘게 말해야지. 동생에게 사과하렴”이라고 말해 보라. 이러한 방식을 활용하면 당신은 자녀를 침착하게 만들 수 있게 된다.

고집이 센 자녀들은 당신이 거칠게 나가면 오히려 더욱 거칠게 반항하는 수가 있다. 당신을 화나게 하려고 작정한 자녀들도 마찬가지이다. 하지만 자녀의 행동에 휘말려 이성을 잃지 말자. 아무리 화가 나더라도 침착함을 잃지 말고 조근조근 말하는 것은 아이의 미래에 큰 희망의 불꽃을 피우는 것이다.

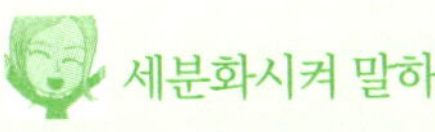 세분화시켜 말하기

해야 할 일을 상세히 세분화해서 설명하기

“거실 청소하렴.” → “책을 책장에 꽂고 바닥은 진공청소기로 청소하자.”

자녀가 자신 없어 하는 일을 시키게 되면, 아무리 똑똑한 자녀라도 사고를 내기 마련이다. 그렇다면 이를 미연에 방지할 수 있는 방법은 무엇일까? 이러한 사태를 예방하기 위해서는 자녀에게 할 일을 상세히 세분화시켜 말해주는 것이 답이 된다.

가령, 5세 이하의 아동에게 방 청소를 시킬 경우 한꺼번에 여러 가지 일을 시키는 것은 곤란하다. 따라서 그 또래의 아이들에게는 한 번에 한 가지씩 일을 정해 주는 것이 적당하다. 만약 사물을 정리하려고 한다면 우선 “자, 책을 책꽂이에 꽂자”라고 말한다. 그리고 자녀가 책을 책꽂이에 다 꽂았다면, “이제 인형을 치우자”라고 말한다. 그리고 나서 인형을 다 치웠다면, “이제 신발을 정리하자”라고 말하는 방식으로 설명해야만 그 또래 아이들은 실행에 옮길 수 있다.

하지만 6세 이상이 되면 자녀는 한꺼번에 두 가지 이상의 일을 처리할 수 있게 된다. 가령, "책을 책꽂이에 꽂고, 인형을 치우자"와 같은 말을 이해하고 이를 실행할 수 있게 되는 것이다.

11세 이상이 되면 자녀는 한꺼번에 세 가지 이상의 일을 처리할 수 있게 된다. 하지만 방 청소처럼 자녀가 단번에 처리하기 어려운 일은 여전히 부모의 지시가 필요하다. 가령, "방을 치우자. 그러려면 먼저, 옷장을 정리하고 침대 밑을 진공청소기로 청소해야겠지"라는 식으로 말이다.

 **예의 바른 표현 가르치기**

자녀에게 "고맙습니다", "죄송합니다", "부탁합니다"와 같은 예의 바른 표현을 가르친다.

"색연필을 정리해 주면 고맙겠구나."

이 책을 읽는 당신 역시 어쩌면 자신도 모르는 사이에 이러한 표현을 익숙하게 사용하고 있는지도 모른다. 잘하고 있는 사람들에게는 괜한 설교로 들리겠지만, 이것은 그만큼 자녀 교육에서 중요한 부분을 차지하므로 알고 있더라도 다시 한 번 더 짚고 넘어가기 바란다.

당신이 예의 바른 표현을 사용하면 그 모습을 보고 자라는 자녀 역시 이를 배우게 된다. 그러므로 당신이 먼저 모범을 보일 필요가 있다. 우리는 그동안 많은 연구 결과를 통해 예의 바른 표현을 사용하는 자녀들이 부모의 말을 더욱 귀담아듣는다는 사실을 발견할 수 있었다. 이처럼 말 한마디가 불러오는 마법이란 실로 엄청난 것이다.

만약 부모들 중에 자녀가 항상 예의 바르고 친절하기를 바라는 사람이 있다면, 이는 잘못된 생각이다. 모든 자녀는 잘못을 저지르게 마련이다. 그러므로 당신은 자녀가 잘못을 했다면 교정을 해 줄 필요가 있다. 그리고 자녀가 잘못된 행동을 한다면 즉시 이를 지적하여 바로잡아야 한다. 특히 어린 자녀가 예의에 어긋난 행동을 한다면 더 상세한 설명을 통해 이를 바로잡을 필요가 있다. "주스를 마시고 싶을 때 어떻게 말해야 하지? '주스 좀 주세요' 라고 말해야지. 한번 같이 말해 볼까?"라는 식으로 말이다. 그리고 어느 정도 나이가 든 자녀라 할지라도 가끔씩은 잘못된 점을 지적하여 바로잡을 필요가 있다.

또한 당신은 자녀들에게 적절한 사회적 기술을 배울 수 있는 기회를 제공해 주어야 한다. 전화 응대법이나 마중 나가는 법을 배울 수 있도록 전화 놀이를 하거나, 방문객 놀이를 해보는 것도 좋은 방법이다. 이러한 놀이를 통해 부모는 자녀에게 예의 바르고 자신감 있으면서도 친절하게 대화하는 법을 가르칠 수 있다. 아울러 자녀는 이러한 놀이를 통해 사회성을 기를 수 있게 된다. 예의 바른 표현을 하는 사람은 사회적으로도 성공할 확률이 매우 높다. 다음은 연령별로 익힐 수 있는 사회적 기술이다. 자녀 교육에 활용해 보기 바란다.

- 5세 이하 | "~해주세요", "미안해요", "사랑해요", "잘못했어요", "안녕히 주무세요", "고맙습니다", "안녕히 가세요" 등의 표현을 배운다.

- 12세 이하 | 어른을 처음 만날 때, "안녕하세요"라고 눈을 맞추고 고개 숙여 인사하는 법을 배운다. 친구나 가족 등 다른 사람에게 "잘했어요", "예뻐요", "멋져요"라고 칭찬하는 법을 배우게 되며, "지금 안 계신데요. 뭐라고 전해 드릴까요?"라거나 "전화 드리라고 할까요?"라고 묻는 전화 예절을 익히게 된다.

- 16세 이하 | "학원은 재미있어?"나 "잘 지냈어요?"와 같이 다른 사람의 관심사에 대한 질문을 할 수 있게 된다. "도와 드릴까요?"나 "이제 뭘

하면 되죠?"와 같이 도움이 필요한 사람을 도울 수 있게 된다.

 **이유를 설명하기**

당신이 자녀에게 어떤 일을 해야만 하는 이유를 설명해 주면 자녀는 당신의 말에 훨씬 더 귀를 기울이게 된다. 자녀들도 당신과 마찬가지로, 명령을 받고 싶어 하지 않기 때문이다. 그렇게 자녀에게 이유를 제시하면 당신도 그 일이 반드시 필요한 일인지 다시 한 번 확신할 수 있을 뿐만 아니라 같은 일에 대해 매번 같은 이야기를 반복하는 수고를 덜 수 있다.

그리고 자녀에게 어떤 일을 시킬 때는 먼저 이유를 설명한 다음에 해야 할 일에 대해 말해 주는 것이 더 효과적이다. "조금 있다가 교회 가야 하니까, 텔레비전을 끄렴"이라고 말하는 것이 "텔레비전을 끄렴. 교회 가야 하니까"라고 말하는 것보다 훨씬 더 효과적인 것이다. 그 까닭은 자녀가 듣게 되는 마지막 말이 자녀가 해야 할 일이기 때문이다.

만일 부모가 설명하는 이유가 지나치게 장황하다면, 자녀는 부모의 말에 귀를 기울이지 않거나 아니면 쓸데없는 말다툼을 불러일으킬 수도 있다. 그러므로 자녀에게 말을 건넬 때는 가급적이면 간단명료하면서도 부드러운 말투로 이야기한다.

- 다치면 안 되니, 조심하렴.

- 제 시간에 가야 하니, 서두르렴.

- 길을 잃어버리면 안 되니, 조심하렴.

- 엄마·아빠가 너무 바쁘니, 좀 도와주렴.

- 가족끼리는 서로 도와야 하니, 집안 일을 나누어 하도록 하자.

- 엄마·아빠가 가르쳐 줄게. 자, 이렇게 하자.

- 가족 모두의 행복을 위해서, 서로 조금씩 양보하도록 하자.

이유를 설명한다고 해서 자녀들이 갑자기 순한 양이 되는 것은 아니겠지만 어쨌거나 분란의 소지는 줄일 수 있다. 시킨 일을 해야 하는 이유를 설명했는데도 여전히 이를 거부한다면, 자녀의 어깨 위에 손을 얹고 조용한 목소리로 다시 한 번 천천히 이유를 설명한다. 그리고 자녀에게 일을 시키면서 이유를 설명하는 것을 잊었다면, 늦게라도 "그 이유를 설명 안 했는데 조금 있다가 끝나고 설명하마"라고 말한다. 그러면 자녀는 부모의 설명을 듣기 위해서라도 시킨 일을 마무리할 것이다. 시도해 보기도 전에 걱정부터 하지는 말자. 자녀를 설득할 수 있는 여러 가지 방법에 대해서는 나중에 더욱 상세히 살펴볼 것이다.

간혹 이 책을 읽는 사람 중에는 "부모가 시키면 당연히 해야지. 도대체 내가 왜 그런 걸 일일이 설명해야 해?"라고 자녀에게 말하는 이도 있을지 모른다. 어쩌면 맞는 말일 수도 있다. 대개 부모가 자녀에게 일을 시킬 때는 그럴 만한 이유가 있기 때문이다.

하지만 이러한 대접을 받게 되면, 자녀는 극심한 좌절감을 느껴 부모에 대한 반발심을 키우게 된다. 그러니 아무리 귀찮아도 이런 식의 대화는 하지 마라. 차라리 "엄마·아빠는 네가 그렇게 해줬으면 좋겠어"나 "지금은 이야기할 기분이 아니니, 이 일을 해야 하는 이유는 나중에 천천히 설명하마"라고 이야기하는 편이 낫다.

선택 사항을 설명하기

자녀는 스스로 선택함으로써 올바른 의사 결정 방식과 책임감에 대해 배우게 되고 스스로의 일을 능동적으로 해결해 나갈 수 있게 된다.

"상 차릴까 아니면 행주로 먼저 닦을까?"
"오늘은 대청소 하는 날이니까 어떤 걸 먼저 할까? 방 청소부터 할까 아니면 마당 청소부터 할까?"

이 세상 모든 사람은 자신이 하기 싫은 일을 억지로 하기보다는 자신이 하고 싶은 일을 스스로 선택하고 싶어 한다. 어쩌면 선택이란 행복한 삶을 위한 전제 조건인지도 모른다. 하지만 막상 선택의 기로에 서면 당황하거나 다른 사람에게 자신의 선택권을 맡기는 사람도 있다. 현명한 선택을 내리는 법은 사실 자기 인생의 주도권을 쥐고 살아가기 위해 반드시 익혀야 할 기술이다. 따라서 부모는 선택의 기회를 제공함으로 자녀들에게 올바른 선택을 내리는 방법을 훈련시켜야 한다.

그런데 진정한 의미의 선택이란, 대개 선호도가 비슷한 두 가지 중에서 한 가지를 선택할 때 이루어진다. 그렇게 본다면 "쇼핑 갈래 아니면 방 청소를 할래?"와 같은 말은 진정한 선택의 기회를 제공한다고 할 수 없다. 가령, "쇼핑 갈래 아니면 영화관 갈래?"나 "부엌 청소를 도와줄래 아니면 창고 청소를 도와줄래?"와 같이 비슷한 조건을 가진 두 가지를 제시할 때 비로소 자녀는 진정한 의미의 선택을 내릴 수 있게 되는 것이다.

이 글을 읽는 독자 중에는, 앞에서는 가급적이면 간단명료하게 표현하여 자녀들에게 선택의 여지를 주지 말라고 해놓고 이제는 또 여러 가지 선택의 기회를 주라는 말에 의문을 품는 이도 있을지 모른다. 책을 꼼꼼히 읽은 독자라면 이런 의문을 품는 것이 당연하다. 그러나 앞서 설명한 간단명료하게 표현하기는 주로 한 가지 일을 시킬 때 다른 선택의 여지가 없도록 하라는 의미이고, 여기서 말하는 선택의 기회를 주라는 의미는 여러 가지 다양한 일을 시킬 때 한 가지 일을 선택해서 할 수 있도록 하라는 의미이다.

최근의 부모들이 자신의 자녀들에게 가지는 공통적인 불만 중 한 가지가 바로 책임감을 찾아보기 힘들다는 것인데, 이러한 문제도 자녀에게 선택권을 줌으로써 해결할 수 있다. 스스로 해야 할 일을 선택하고 결정하여 그 일의 결과가 전적으로 자신에게 있음을 알게 되면 자녀는 자신감과 성취감을 얻는 동시에 책임감도 갖게 된다.

그리고 이렇게 해서 얻은 자신감과 성취감은 자녀의 올바른 성장에 매우 중요한 역할을 한다. 아울러 자녀에게 해보지 않은 새로운 일을 시킬 때, 부모는 자녀에게 먼저 시범을 보일 필요가 있다.

 칭찬은 구체적으로!

자녀가 어떠한 행동을 했을 때 얼마만큼 기뻤는지 구체적으로 설명하면 자녀는 다음번에도 같은 행동을 한다.

"이렇게 일찍 준비를 마치다니 제때 도착할 수 있겠구나."

자녀가 착한 행동을 할 때마다 당신이 칭찬해 준다면 자녀는 칭찬을 더 받기 위해 착한 일을 찾아서 할 것이다. 하지만 "장하구나", "착하네"와 같은 일반적인 칭찬보다는 "부엌을 깨끗이 청소하다니 정말

장하구나. 바닥도 닦았네”와 같이 자녀의 특정한 행동을 구체적으로 칭찬하는 것이 좋다.

칭찬은 자녀뿐 아니라 부모에게도 도움이 된다. 왜냐하면 자녀를 칭찬함으로써 당신 역시 자녀가 가진 긍정적인 면을 다시 보게 되기 때문이다. 그리고 일상적인 칭찬을 통해 당신은 자녀에게 자신의 사랑을 표현할 수 있고, 구체적인 칭찬을 통해 착한 행동을 반복하게 하는 효과를 가져올 수 있다. “칭찬은 고래도 춤추게 한다”고 했다. 그러니 “깨우지 않아도 일찍 일어나다니, 다 컸구나”, “혼자서도 방 정리를 잘 하는구나”와 같은 칭찬을 아끼지 말자. 또한 칭찬은 그동안 부모와 자녀 사이에 소원해진 관계를 회복시키는 계기를 만들어 주기도 한다.

하지만 십대 자녀를 둔 부모라면 칭찬할 때 세심한 주의를 기울일 필요가 있다. 자녀가 어릴 때야 무조건 칭찬을 많이 하는 것이 좋지만, 자녀가 십대가 되면 이야기는 달라진다. 십대 자녀들에게는 의례적이고 일상적인 칭찬은 통하지 않는 경우가 많기 때문이다.

십대 자녀들은 대개 지나친 간섭을 싫어하며, 자신의 일을 스스로 결정하고 싶어 한다. 그러므로 간섭은 최소화하되, 방임을 하지 않는 칭찬 전략을 활용할 필요가 있다. 가령, “점수를 잘 받았구나. 수학이 재미있니?”나 “이렇게 정리하니까 방이 훨씬 더 깔끔하구나. 어떻게 이런 생각을 다했니?”와 같이 자녀가 잘하고 흥미로워 하는 일에 질문을 던지는 식으로 말이다.

그리고 결과보다는 과정의 중요성을 알려 줄 필요가 있다. 결과보다는 과정을 중시하기 위한 노력을 기울였다면 성공은 뒤따르기 마련이다. 사실 이러한 노력에 대한 칭찬과 격려가 성공을 불러오는 계기가 되기도 한다. 만약 자녀에게 시킨 일이 별 어려움 없이 성공한 듯

보인다고 해서 아무런 칭찬을 하지 않는다면, 자녀는 손쉽게 성공할 수 있는 일만 하거나, 새로운 일 자체를 시도하지 않으려 할 것이다. 따라서 당신은 자녀가 이루어 낸 결과보다는 그 과정에 대해 자녀를 격려하고 칭찬할 필요가 있다.

가령, "수학 100점을 받다니 정말 장하구나"보다는 "집에서 열심히 공부한 보람이 있구나. 수학 100점을 받다니"라고 말하고, "정말 잘했는걸. 이런 식으로만 하면 올백은 문제 없겠다"보다는 "그것 봐. 세상에 노력해서 안 되는 일은 없는 거야. 다음에도 열심히 하면 좋은 결과를 얻을 수 있을 거야"와 같은 말로 노력의 중요성을 알려 주어 자녀를 격려할 필요가 있다. 그렇다고 자녀가 노력하여 얻은 결과를 축하하지 말라는 뜻은 아니다. 다만 지나치게 결과에 연연하는 모습을 보여서는 안 된다는 의미이다.

그리고 만약 자녀가 실패의 고통에 힘겨워 하고 있다면, "다시 한 번 노력해 봐. 노력해서 안 되는 일은 없으니까"와 같은 격려의 말로 실패에 대한 두려움을 최소화할 수 있도록 도와줘야 한다. 아울러 자녀가 실패로 인해 아무런 열의를 느끼지 못하고 있다면 부모는 적절한 보상을 제시함으로써 자녀를 실패의 고통에서 벗어날 수 있게 도와주어야 한다.

 자녀의 의사를 존중하기

자녀가 바라는 것이 무엇인지 세심한 주의를 기울이며 자녀들의 의사와 기분을 존중해 준다.

"네 생각도 일리가 있구나."

자녀만 부모를 존중해야 하는 것은 아니다. 자녀가 당신에게 존경심을 나타낸다면, 당신 역시 자녀를 존중해 줄 필요가 있다. 자녀를 존중한다는 것은 말이나 행동을 가려서 하는 것만을 의미하지는 않는다. 자녀가 바라는 것이 무엇인지 세심한 주의를 기울이고, 자녀의 노력을 있는 그대로 인정하는 것을 의미한다. 또한 당신은 항상 자녀의 관심사에 마음을 열어 두어야 하며 자녀를 방치해서는 안 된다.

하지만 당신과 자녀의 의견이 항상 같을 수는 없다. 그럴 때는 자녀가 아무리 이상한 의견을 말하더라도, 비꼬거나 혹평하지 말고 당신의 생각과 그 이유를 알려 주어야 한다. 정신적으로 미성숙한 자녀들은 기분에 따라 쓸데 없는 이야기나 행동을 하는 경우도 있기 때문이다. 가끔씩 자녀들의 말과 행동에 실소를 금할 수 없는 경우도 있겠지만, 그렇다고 해서 자녀를 비웃거나 무시해서는 안 된다.

 **1인칭 주어로 말하기**

대화 시에 1인칭 주어를 사용하면 자녀는 부모의 느낌과 생각을 더욱 잘 이해하게 된다. 둘 사이의 이해는 자녀의 감성지수 발달을 돕고 탈선을 미연에 예방할 수 있는 효과가 있다.

"당장 그만두지 못해" → "그런 말을 들으면 엄마·아빠도 화가 난단다"나 "엄마·아빠 생각에는 조금 더 진지해질 필요가 있겠구나."

1인칭 주어를 사용하여 말하는 습관을 가지면 의견과 감정을 명확하게 전달할 수 있어, 논란의 소지나 자녀의 반발을 최소화할 수 있다. 의견과 감정을 정확하게 말하는 것만으로도 논란의 소지가 줄어드는 까닭은 바로 다른 사람의 감정과 생각을 가지고 논쟁을 한다는 것 자체가 말도 안 되는 일이기 때문이다. 그 사람의 생각과 감정은 전적으로 그 사람에게 속한 것이니 말이다.

자녀가 당신에게 함부로 이야기하는 습관이 있다면, "엄마·아빠를 화나게 만들래?"라기보다는 "네가 그렇게 이야기하면 엄마·아빠가 속이 상하단다"라고 말하는 편이 논란의 소지를 줄이는 길이다. 자녀 입장이 되어 생각해 보라. 뭐라고 말대꾸를 할 수 있겠는가, 화가 났는데 "엄마·아빠는 별로 화도 안 났어"라고 거짓말을 할 수는 없는 노릇이다. 그럴 때는 "지금은 너 때문에 화가 많이 났으니 잠시 있다 이야기하도록 하자"라고 말하고 화를 가라앉힐 시간을 갖는 것도 좋은 방법이다. "꼴도 보기 싫으니 방에 들어가 있어"라고 말하기보다는 "늦었으니 그만 자거라"라고 말하는 편이 자녀의 반발을 줄이는 길이다.

1인칭 화법을 구사하면, 자녀가 가지고 있는 생각의 오류에 대해 이야기하기가 훨씬 더 쉬워진다. 특히 어린 자녀의 경우는 이따금씩 자신의 감정과 생각 사이에서 혼란을 느끼기 마련이다. 그럴 때는 1인칭 화법으로 자녀의 사고 체계에 혼란을 일으킨 문제를 지적해 줌으로써 그 문제를 해결하는 데 도움을 줄 수 있다. 자녀의 잘못된 생각을 바로 잡아 줄 때는, "엄마·아빠 생각은~"이라고 말문을 연 다음, 자신의 의견을 이야기한다. 자녀들을 과소평가하라는 말이 아니라, 성인으로서의 판단을 이야기하라는 뜻이다. 아울러 "조금 더 나이가 들면, 아마 알게 될 테지만~"과 같은 말로 나이가 듦에 따라 생각과 판단 역시 변할 수 있음을 알려 준다.

당신이 "엄마·아빠 생각에는~" 또는 "엄마·아빠가 느끼기에는~"이라고 표현하는 것을 보고 자란 자녀는 삐뚤어진 행동 대신, 스스로 화를 참고 자기 생각을 표현하는 법을 배우게 된다. 그리고 이처럼 나쁜 기분을 말로 표현하는 법을 가르쳐 주면 자녀들은 감정에 따라 행동하는 것이 아니라 감정을 말로 표현하는 법을 익히게 된다. 가령, 자녀가 장난감을 사 주지 않는다고 고함을 지르고 떼를 쓴다면, 우선은 말로 설명할 필요가 있다. "장난감을 사 주지 않아서 화가 많이 났구나"라고 하면 자녀는 이렇게 대답할 것이다. "네. 저 화가 정말 많이 나요"라고 말이다.

이처럼 1인칭 주어로 대화하는 법을 익힘으로써 자녀는 스스로의 감정 상태를 파악할 수 있게 되며, 문제 해결 능력을 키워 나가게 된다. 따라서 부모는 자녀에게 스스로의 감정 상태를 설명할 수 있는 다양한 어휘를 사용할 필요가 있다.

그리고 자녀에게 뭔가 문제가 있어 보인다면, "엄마·아빠 생각에는 네가 ~ 라고 느끼는 것 같아" 또는 "엄마·아빠 생각에는 네가 ~ 라고 생각하는 것 같아"라고 말해 자녀 스스로 자신의 감정 상태를 확인하게 해야 한다. 사실 당신이 자녀의 모든 감정 상태를 파악할 수는 없다. 하지만 이러한 접근법을 통해 당신은 자녀에게 자신이 가진 애정과 관심을 표할 수 있을 뿐 아니라 대화를 시작할 수 있는 열쇠를 가지게 된다. 조사 결과, 부모의 지속적인 관심과 애정을 받고 자라난 자녀들은 그렇지 않은 자녀들에 비해 월등히 뛰어난 감성지수를 가진 것으로 드러났다.

자녀들에게 다른 사람의 감정을 존중하는 법을 가르치는 것은 매우 중요하다. 당신은 자녀들에게 자신의 감정만큼 다른 사람의 감정 역시 소중하다는 사실을 가르칠 필요가 있다. 그리고 "엄마·아빠는 ~ 라고 생각해"라는 1인칭 관점의 대화법을 활용함으로써 자녀에게 자신의 감정 상태에 대해 알려 줄 수 있다. 다만 이러한 방식의 대화법을 사용할 때 주의해야 할 점은 아직 정신적으로 성숙하지 않은 자녀에게 지나치게 극단적인 감정까지는 표현하지 않도록 해야 한다는 것이다. 부모도 감정을 가진 인간이므로, 자녀가 당신의 감정을 상하게 했다면 이에 대해서는 비교적 상세하고 정확하게 지적해 주는 것이 좋다.

그러나 자녀를 혼란스럽게 만들 수 있는 극단적인 감정 표현이나 비난하고 조롱하는 듯한 어조는 가급적이면 피하고 부드럽고 침착한 어조로 간결하게 설명할 필요가 있다. 당신의 감정 상태에 대해 충분히 설명했다면, 멈춰야 할 때를 아는 것 역시 중요하다. 당신의 말이 길어지면 길어질수록 자녀는 당신의 말에 귀를 기울이기는커녕 오히려 닫게 될 수도 있다.

 사과할 줄 아는 부모되기

자녀에게 잘못한 일이 있다면 부모일지라도 먼저 사과할 줄 아는 모습을 보이는 것이 좋다. 자녀는 이러한 모습을 보고 책임감에 대해 배우게 된다.

"엄마·아빠가 지나쳤다면 미안하구나"라고 말할 줄 아는 부모가 되자.

부모가 먼저 미안하다고 말하는 모습을 보고 자란 자녀는 잘못을 저질렀을 때에는 자신이 책임을 지는 것이 옳다는 것을 깨닫게 된다. 사람은 누구나 잘못을 저지를 수 있으며, 이는 당신이라 해도 마찬가지이다. 자신이 저지른 잘못에 대해 사과할 줄 알며, 같은 잘못을 반복하지 않으려고 노력하는 당신의 모습을 보고 자란 자녀는 자연히 이러한 모습을 본받게 될 것이다.

그러니 자녀에게 잘못을 저질렀다면 먼저 사과의 손을 내밀어라. "엄마·아빠가 소리 질러서 미안해. 네 이야기를 먼저 들어 주었어야 했는데. 지금이라도 이야기를 좀 해볼까?", "연주회에 못 가서 미안해. 차가 너무 많이 막히더구나. 다음부터는 회사에서 좀 더 일찍 출발할게"와 같이 말이다.

　잘못을 저지르는 것은 사실 그리 큰 문제가 아니다. 정작 문제가 되는 것은 잘못을 저지르고도 사과를 하지 않는 것이다. 상대방이 아무리 큰 잘못을 저질렀다 해도 미안하다는 사과를 받고 나면 대부분의 사람들이 화를 풀게 마련이다. 잘못을 저질렀을 때 사과를 하는 것은 결코 나이로 결정되는 문제가 아니다.

 **사랑이 담긴 훈계하기**

사랑이 담기지 않은 비난은 자녀의 자아를 손상시키며 당신과 자녀 사이의 관계를 금가게 한다. 사랑이 담긴 훈계를 건넬 때 자녀는 당신의 말에 귀를 기울이고 마음을 열게 된다.

"이번 시험에서는 점수를 잘 받았구나. 시험지를 내기 전에 답안을 한 번 더 확인한다면 다음에는 더 좋은 점수를 받지 않을까?"

　자녀에게 필요한 것은 비난이 아니라, 사랑이 담긴 훈계이다. 자신의 능력을 믿어 주지 않는 사람들에게 최선을 다하기란 어른에게도 힘든 일이다. 하물며, 어린 자녀들에게 이러한 능력이 있을 리 없다. 그러므로 자녀에 대한 지나친 비난은 올바른 자아의 확립을 저해하며, 당신과 자녀 사이의 관계를 소원하게 만들 뿐이라는 것을 명심하기 바란다.

　그렇다면 자녀가 잘못된 행동을 저지렀을 때는 과연 어떻게 지적해야 할까? 훈계와 비난의 차이는 전달법에 있다. 비난은 화에서 비롯하여 자녀로 하여금 수치심이나 당황스러움을 느끼게 한다. 냉소적인 말투, 협박, 얕잡아 보기, 눈물로 호소하기, 고함 지르기 등은 말만 다를 뿐 모두 같은 효과를 가진다. 하지만 훈계는 자녀에 대한 관심과 인내심에서 비롯하여, 자녀로 하여금 문제를 해결하는 새로운 방식을 배우게 한다. 당신에게는 비난과 훈계가 비슷한 것으로 여겨질지도 모른다. 그러나 그 전달 과정에서 엄청난 차이를 나타낸다.

비난 대신 교정하기

긍정적인 면과 부정적인 면 사이에서 균형을 유지하라.
"엄마 · 아빠는 네가 ______해서 너무 기뻤단다"(긍정적인 면)
"그렇지만 엄마 · 아빠는 네가 ______해서 더욱 노력해 주었으면 한단다"(교정)

긍정적인 면:	교정:
"저녁 시간에 일찍 들어와 주어서 고맙구나"	"숙제 다할 때까지 놀러 나가지 않기로 했지. 그런데 숙제를 아직 덜 했네"
"배영도 잘하는구나. 수영을 잘해서 얼마나 기특한지 몰라"	"다음 주에는 물속에서 턴하는 법을 연습하자. 반환점 쪽에서 열심히 연습하면 성공할 수 있을 거야"
"방 청소를 마쳤구나 침대 밑까지 정말 깨끗하게 치웠던걸!"	"고생해서 방 청소를 마쳤으니 며칠 동안은 깨끗하게 유지해야겠지?"
"화장실도 혼자 갈 줄 알고 다 컸구나!"	"다음번에는 화장실 가서 쉬하자!"

자녀의 행동을 교정할 때는 한 번에 하나씩만 하기로 한다. 자녀가 잘한 행동과 잘못한 행동 하나씩을 골라 교정하게 되면 자녀는 부모의 의견을 받아들이게 마련이다. 하지만 십대 자녀를 둔 부모라면, 자녀를 비난하기 전에 스스로 자녀의 입장이 되어 볼 필요가 있다.

가령, 수학 시험이 쉽게 나올 것이라고 예상했던 딸이 예상 외로 어렵게 출제된 시험에서 좋지 않은 성적을 받아 왔다면 "솔직하게 이야기해 줘서 고맙다(긍정적인 면). 그러나 이제부터는 조금 더 열심히 공부해야 하니, 인터넷은 당분간 사용하지 않기로 하자(교정)"라고 하거나 "솔직하게 이야기해 줘서 고맙다. 그러면 이제 어떻게 하고 싶니?"라고 자녀의 의견을 물어볼 수도 있을 것이다. 이때 중요한 것은 한 번에 여러 가지를 해결하려 해서는 안 된다는 점이다.

04

자녀의 자존감을 살려줘라

자녀의 자존감을 키워 주라는 말을 듣는다면 대다수의 부모는 다소 혼란스러워 할지도 모른다. 하지만 여기서 자존감의 의미는 자기 자신의 가치를 알고 스스로를 소중히 여기는 마음가짐, 그리고 스스로에 대한 긍정적인 태도라고 설명할 수 있다. 부모로부터 사랑을 받고 자란 자녀는 다른 사람들의 시선에 개의치 않고, 건강하고 훌륭한 자존감을 지니게 된다. 즉, 학벌, 성적, 미모, 재능, 특기 등과 무관하게 자신이 소중한 존재임을 깨닫게 되는 것이다.

그리고 건강한 자존감을 지닌 자녀들은 그렇지 않은 자녀들에 비해 다른 사람들의 시선에 개의치 않고 진정으로 자신이 원하는 목표에 도전할 수 있게 된다. 또한 결코 자신이 남들보다 우월한 존재라고 생각하거나 오만하게 굴지 않으며 사회적인 규칙을 이해하며 배우는 자세로 인생을 살아가게 된다.

그렇다면 도대체 자녀와 자존감에는 어떤 상관관계가 있는 것일까? 이에 대한 해답은 건강한 자존감을 지닌 사람이 더욱 행복하고 사회적으로도 성공한 삶을 살아간다는 데서 찾을 수 있다. 건강한 자존감을 가진 자녀는 자신이 속한 가정과 사회에 소속감을 느끼며 외부의 나쁜 영향으로부터 스스로를 지켜나갈 수 있는 힘을 가지게 된다. 실제로 건강한 자존감을 갖춘 자녀는 그렇지 않은 자녀에 비해 활발한 교과 외(특기) 활동을 영위하며, 훌륭한 교우관계를 유지하는 것으로 드러났다. 그리고 건강한 자존감을 갖춘 자녀는 성인이 그러하듯이 자신을 지켜내는 스스로 법을 터득하게 된다.

그러나 지나친 교과 외(특기) 활동과 경쟁 심리는 오히려 자녀의 올바른 자아 성장을 저해하는 요인이 될 수도 있다. 아직 정신적으로 미성숙한 자녀들이 남들과의 지나친 경쟁 속에서 우월감에 빠지거나, 심한 열등감에 빠질 수도 있기 때문이다.

__ 건강한 자존감을 가진 자녀로 성장시키는 열 가지 방법

자존감이란 스스로 갖추어 나가는 것이지 누군가가 억지로 만들어 줄 수 있는 것이 아니다. 하지만 당신은 자녀가 건강한 자존감을 갖춘 성인으로 성장하도록 도와 줄 의무가 있다.

그렇다면 이제 자녀를 건강한 자존감을 갖춘 성인으로 성장시키기 위해 당신이 반드시 해야 할 일과 절대로 해서는 안 될 일을 살펴보자.

01 | 학교 활동에서 성취감을 갖도록 돕는다

자녀가 학교 활동에서 성취감을 얻을 수 있도록 돕는다. 그러나 여기서 '돕는다'는 것은 자녀 스스로 몇 가지 활동을 통해 성취감을 얻을 수 있도록 환경을 조성해 준다는 의미이지, 부모가 억지로 성취감을 안겨 준다는 의미가 아니다. 당신이 할 수 있는 역할은 자녀에게 기회를 제공하고, 이를 잘 활용할 수 있도록 도우며, 격려하는 것이다.

02 | 현실적인 기대치를 가질 수 있게 돕는다

자녀가 열등감에 빠지지 않고, 스스로 도전하여 이루어 낼 수 있는 일에 대해 현실적인 기대치를 가질 수 있게 돕는다. 그리고 이루어 낸 성과보다는 자녀의 노력을 중시한다. 원하는 성과를 얻지 못하였더라도 꾸준히 노력했다면 자녀의 노력을 칭찬해 준다. 자녀에게 노력할 수 있는 범위 이상을 강요하지 않으며, 실패로 인해 좌절하는 일이 있더라도 스스로 극복할 수 있도록 돕는다. 자신이 가진 재능을 나누어 주는 일은 언제나 즐겁고 소중하다는 것을 알려 준다.

03 | 자녀가 가진 잠재 능력을 일깨워 준다

당신은 자녀의 잠재 능력을 일깨워 줄 필요가 있다. 그렇다고 해서 자녀로 하여금 슈퍼맨이라고 착각하게 만들라는 것은 아니다. 당신이 해야 할 일은 단지 자녀들이 잘하는 일을 더욱 잘할 수 있도록 돕고, 성취감을 느낄 수 있도록 돕는 것뿐이다. "친구에게 잘해 주다니 기특하구나. 너는 사람을 사귀는 데 소질이 있어", "단번에 이 수학 문제의 원리를 깨우치다니, 이해력이 좋구나"라는 칭찬은 자녀가 가진 잠재 능력을 일깨워 준다.

04 | 세상 사는 법을 가르친다

예의 바르게 행동하는 법, 문제 해결법, 다른 사람들과 원만한 관계를 유지하는 법 등을 스스로 깨닫게 함으로, 자녀가 원만한 사회생활을 할 수 있게 돕는다.

05 | 지켜봐 준다

자녀의 말과 행동, 생각을 주시한다.

06 | 관심을 기울인다

자녀가 잘못한 일이 있더라도 따뜻한 말과 행동으로써 변함없는 관심을 표현한다. 성적이 좋거나 특기 활동을 잘해서가 아니라 자신의 자녀라는 이유만으로 당신이 아이를 사랑하고 있음을 확신시킨다. 매일 일어나기 전이나 잠자리에 들기 전 "잘 잤니?", "엄마·아빠의 아들, 딸로 태어나 줘서 고마워"와 같은 따뜻한 인사를 건네어 자녀에 대한 사랑을 표현한다. 어른들에게는 다소 어색하게 들릴 수 있는 표현도 자녀들은 전혀 어색하게 여기지 않는다.

07 | 자녀를 인정한다

또래 집단과 함께 있는 모습을 지켜보다가 자녀가 잘하는 일에 대해 칭찬해 준다.

08 | 현명하게 칭찬한다

자녀의 행동을 잘 살펴본 후 사소한 일에도 칭찬을 아끼지 않는다. "기특해. 정말 잘했구나", "그런 걸 어떻게 기억하고 있었니? 하마터면 잊어버릴뻔 했는데 정말 고마워"라는 칭찬을 아끼지 않는다. 칭찬을 할 때는 진심으로 표현하여 자녀들이 부모의 말을 불신하지 않도록 한다.

09 | 자녀를 존중한다

자녀의 취향과 행동을 비웃거나 조롱하거나 무시하거나 비꼬지 않는다.

10 | 주의 사항

자녀가 원하는 모든 것에 대해 지나치게 관대하게 구는 태도는 자녀의 올바른 자아 성장을 저해하는 일임을 명심한다. 반대로 자녀가 원하는 모든 것에 대해 지나치게 간섭하는 태도 역시 자녀의 올바른 자아 성장을 저해한다.

4장

네 번째 비법

규제하기

자녀를 올바르게 키워라

01

규제를 받는 자녀가
더 행복하고 착하게 자란다

이 세상 모든 부모가 가진 가장 큰 숙제 중 하나가 '과연 어떻게 하면 자녀로 하여금 부모의 말을 따르게 할 것인가' 이다. 그리고 자녀들이 성장하여 십대로 접어들면 점차 새로운 문제가 대두되기도 한다. '어째서 저 집 애들은 저렇게 옳고 그름을 잘 구분하는 걸까?', '어째서 저 집 부모는 애들을 저렇게 풀어놓는 걸까?' 와 같은 것이 그것이다. 하지만 이러한 문제에 대한 해답은 바로 부모의 결정권에 있다. 부모는 자녀의 행동을 규제함으로써 자녀의 행동 범위를 결정지을 수 있기 때문이다. 그렇다면 이제부터 어떻게 하면 자녀에 대한 규제권을 손에 넣을 수 있는지 천천히 살펴보자.

자녀에 대한 규제권이란 자녀가 해야 할 일과 하지 말아야 할 일을 결정하는 부모의 권리를 말한다. 이러한 규제는 사소한 것부터 중요한 것까지 자녀의 생활 전반에 해당한다. 그런데 자녀의 생활에 대한 규칙을 정하기 위해서는 우선 자녀가 가진 문제점을 파악하고 이를 고치려는 노력이 필요하다. 이러한 노력은 자녀의 올바른 인성 발달을 돕는다는 점에서 필수이다.

그렇다면 이제 자녀의 문제점을 고치는 방법에 대해 상세히 살펴보자. 다만, 이 장에서 소개하고 있는 방법은 3세 이상의 자녀에게 적용하였을 때 가장 큰 효과를 낸다.

부모의 규제는 무조건적으로 강압적인 제약이 아니라, 자녀를 더욱 안전하고 체계적이며 계획적으로 성장케 하는 목표를 위한 수단이어야만 한다. 그리고 생활이 체계적일수록 자녀는 스트레스 없이 성장할 수 있는데, 스트레스를 받지 않고 성장한 자녀가 스트레스에 시달리는 자녀보다 더욱 건강하고 행복하게 성장하게 되는 것은 두말할 나위가 없다. 그러므로 자녀를 더욱 안전하고 행복하게 성장시키기 위하여 당신은 자녀의 생활을 적정선까지 규제할 필요가 있는 것이다.

그런데 자녀 교육이 어려운 것은 부모는 자녀를 규제해야 하고 자녀들은 이러한 규제에 반발한다는 데 있다. 그래서 이 장에서는 자녀의 반발을 최소화할 수 있는 자녀 교육 방법에 대해 알아보려고 한다. 이 장에 실린 내용을 적극 활용한다면 부모는 말다툼이나 논쟁 없이도 자녀의 반발을 최소화하면서 자녀를 효과적으로 규제할 수 있을 것이다.

교육관의 적정성부터 판단하라

하지만 규제에 앞서 판단할 것이 있다. 바로 부모가 가진 교육관이 적정한가 여부다. 그렇다면 당신은 자신의 교육관이 지나친 것인지, 안이한 것인지, 적절한 것인지 어떻게 판단할 수 있을까?

아래 제시된 사랑의 규제표에서 말한 다섯 가지 이유를 충족하고 있다면 자녀에 대한 당신의 규제는 과하지도 모자라지도 않은, 적절한 것이라 할 수 있다. 규제해야 할 자녀의 행동에 대해 확신이 있는 부모는 좀 더 일관성 있는 태도로 자녀를 교육할 수 있기 때문이다.

이 표에서는 자녀의 행동에 규제를 가할 때 부모가 가져야 할 태도를 설명하고 있다. 표를 잘 살펴본 독자라면 자녀에 대한 부모의 규제란 결코 나쁜 목적이 아닌, 자녀를 교육하고 보호하는 한편 지지해 주기 위한 목적에서 비롯한 것임을 깨닫게 될 것이다. 또한 표에 제시되지 않은 문제라면 실생활에 나쁜 영향을 끼칠 우려가 없는 행동이므로, 자녀 스스로 문제의 해결책을 찾도록 내버려두어도 좋다.

사랑의 규제 (부모가 자녀의 행동을 규제해야 하는 5가지 이유)	
안전	부모는 자녀와 다른 사람들의 안전과 건강을 위해 자녀의 행동을 규제해야 한다.
도덕성과 예절	부모는 자녀가 도덕성과 예의범절, 사회적 규범, 가족 간의 질서를 지키도록 자녀의 행동을 규제해야 한다.
이성적 사고	부모는 자녀에게 감정적인 대응을 자제하여 자녀를 이성적인 사고를 하는 성인으로 길러 내기 위하여 자녀의 행동을 규제해야 한다.
문제 예방	부모는 자녀의 행동이 가져올 수 있는 장기적인 파급 효과를 고려하여 자녀의 행동을 규제해야 한다.
부모를 지치게 하는 행동 예방	부모는 자녀로 인해 자신의 의사와 행동에 심각한 제약을 받는 경우, 자녀의 행동을 규제해야 한다.

그렇다면 이에 대해 좀 더 자세히 살펴보자.

01 | 안전

자녀가 자신과 다른 사람들의 안전과 건강에 부정적인 영향을 끼치는 것이라면 행동을 규제해야 한다. 부정적인 영향을 끼칠 있는 행동이란 공격성, 운전, 게임 중독, 약물, 음주, 또래 집단의 따돌림 등이 있을 수 있다.

일반적으로 당신이 생각하는 안전의 기준은 자녀가 생각하는 기준과 큰 차이가 있을 수 있다. 열일곱 살짜리 아들이 차를 몰고 근처를 한 바퀴만 돌고 오겠다고 한다면 대개 아무런 문제없이 돌아올 확률이 높더라도, 당신은 자녀의 요구를 강력하게 거절해야 한다. 사소한 실수로 자녀나 다른 사람이 다칠 수도 있음을 고려해야 하기 때문이다.

02 | 도덕성과 예의범절

당신은 자녀가 도덕성과 예의범절, 사회적 규범, 가족 간의 위계질서에 벗어난 행동을 할 때 자녀의 행동을 규제할 필요가 있다. 또한 자녀에게 올바른 예의범절과 도덕성에 대해 가르치기 위해서라도 당신은 가족을 포함한 다른 사람들 앞에서 솔선수범할 필요가 있다.

03 | 이성적 사고

당신은 자신을 감정적으로 반응하게 만드는 자녀의 행동을 규제할 필요가 있다. 흔히들 '뚜껑이 열린다' 는 표현을 하게 하는 행동을 말한다. 가령, 자녀의 학교생활에 대해 물었는데 자녀가 엉뚱한 대답만 한다면, 당신은 자녀의 말이 신경에 거슬리기 시작하면서 더 이상 자녀와 아무런 말도 하기 싫어지거나, 머리 꼭대기까지 화가 치밀어 오를 것이다.

물론 이성적 사고를 마비시키는 것은 비단 자녀의 행동만이 아니
다. 당신은 오해나 혼자만의 극단적인 생각 때문에 이성적인 판단을
내리지 못하고 감정적으로 행동할 수도 있다. 이럴 때는 자녀의 말과
행동에 과잉 반응하지 않도록 해야 한다.

04 | 문제 예방

당신은 가족이나 자녀의 인생에 끼칠 수 있는 영향을 생각하여 자
녀의 행동을 규제할 수 있다. 이러한 영향을 끼칠 행동으로는 자녀를
가족과 멀어지게 하거나, 학교 성적을 심각하게 떨어뜨리는 행동 등
이 있다.

열여섯 살짜리 자녀가 문신을 하려고 하고 담배를 피우는 행동은
자녀의 장래에 심각한 영향을 끼칠 수 있다. 이러한 행동은 규제해야
하는 것이다. 가끔 판단의 기준이 애매모호한 경우도 있으나, 이러한
경우에는 자녀에게 최선이라고 생각되는 바를 부모가 판단하여 행하
면 된다.

05 | 부모를 지치게 하는 행동 예방

당신은 자녀로 인해 자신의 의사와 행동에 심각한 제약을 받는 경
우, 자녀의 행동을 규제할 수 있다. 가령, 자신의 의사와 관계없이 자
녀 때문에 아무것도 하지 못하고 일방적인 희생을 강요받는 경우, 당
신은 자녀의 행동을 규제할 수 있다.

위의 표에 명기되지 않은 이유로 자녀에게 어떠한 규제를 가하고
있다면, 당신은 그러한 규제가 잘못된 것이 아닌지 다시 한 번 진지하

게 생각해 보는 시간을 가지는 것이 좋다. 만일 자녀의 행동이 가족 구성원의 질서에 부정적 영향을 끼치거나 비도덕적이거나 무례하거나 반사회적이거나 분노를 초래하거나 장기적으로 문제를 일으킬 소지가 있거나 부모를 힘들게 만드는 것이 아니라면, 부모는 자녀의 행동에 어떠한 규제도 가할 필요가 없다. 나서야 할 때와 물러서야 할 때를 아는 것은 자녀 교육에서 아주 중요하다. 그리고 자녀의 의사를 적당히 존중해 주는 것도 현명한 자녀 교육법 중 하나이다.

그렇다면 자신의 규제가 지나친 것인지, 그렇지 않은지 확인할 수 있는 방법에는 무엇이 있을까? 다음 중 하나에 해당한다면 자신이 자녀에게 지나친 규제를 가하고 있지는 않은지 의심할 필요가 있다.

- 특수부대 상사처럼 하루 종일 명령과 지시만 반복한다.
- 자녀가 해놓은 일이 거의 마음에 들지 않는다.
- 관계보다는 복종이 우선이다.
- 자녀가 혹시 자신의 기대를 저버리지는 않을까 항상 불안하다.
- 자녀는 친구가 없으며, 야외 활동도 전혀 하지 않는 편이다.
- 자녀가 항상 반항한다.

그리고 자녀의 타고난 기질을 억지로 바꾸려는 시도 역시 지나친 규제에 해당한다고 할 수 있다. 만약 억지로 이를 바꾸려 한다면 부모만 힘들 뿐이다. 결과적으로는 자녀의 기질을 망치고 반항만 부추기고 말 것이다. 이로 인해 자녀와의 관계가 평행선을 달리게 될 것은 불을 보듯 뻔하다. 그러니 이러한 기질을 억지로 바꾸려 하기 보다는 차라리 자녀가 타고난 기질 중 좋은 면을 계발하여 이를 더 부각시키는 편이 좋다.

__ 규제는 지나치지도 모자라지도 않게

당신과 자녀 사이에도 의견 차이가 있게 마련이다. 가령, 절대로 하지 말았으면 하는 행동인데 자녀는 아무런 자각도 못하는 경우에 특히 그러하다. 만약 이에 대해 당신과 자녀 둘 중에 어느 한 편도 자신의 의사를 굽히지 않는다면, 정말로 골치 아파질 수밖에 없다.

하지만 문제가 자녀에게만 있는 것은 아니다. 가끔 당신은 자신이 싫어한다는 이유만으로 자녀에게 불필요한 규제를 가하는 경우도 있을 것이다. 사실, 어떤 청바지를 어떻게 입을 것인가는 전적으로 자녀의 취향이지, 당신이 상관할 부분은 아니다. 만약 당신이 자녀의 머리 모양이나, 옷차림을 가지고 실랑이를 벌이고 있다면, 당신은 자신의 에너지를 불필요한 곳에 소모하고 있음을 깨달아야 한다. 아무리 자녀의 머리를 단정하게 빗겨 내보내면 뭐한단 말인가. 학교 가는 길에 다 풀어 버리면 그만인데 말이다.

그리고 만일 자녀의 태도에 책임감이 부족하거나, 성숙함이 없어 보인다면 자녀를 올바르게 규제하지 못하는 것은 아닌지 의심해 볼 필요가 있다. 자녀의 행동에 문제가 있는데도 당신이 자녀를 규제하지 않거나 방임한다면, 자녀의 안전이 심각한 위험에 처할 수도 있다.

02

성장기 자녀, 무엇을 가르칠 것인가

__ 거짓말 하지 않도록 가르치기

당신은 자녀로 하여금 자신이 모든 거짓말을 알아차릴 수 있다고 믿게 할 필요가 있다. 또한 거짓말은 더 큰 거짓을 불러올 뿐이라는 것도 가르쳐야 한다. 잘못을 저지르면 사람은 누구나 사실을 숨기고 싶은 유혹에 빠지기 마련이다.

하지만 잘못을 저질렀음에도 거짓말을 하지 않고 부모에게 사실대로 털어놓는 자녀는 숨기거나 속이고자 하는 유혹을 이겨냈기에 심하게 혼내지 말고 부드럽게 타이른다. 부모에게 솔직히 털어놓아 봐야 더 큰 야단만 맞는다고 생각한다면, 자녀는 거짓말로 가급적 오랜 시간을 벌려 할 것이기 때문이다.

만일 자녀가 오랜 시간 사실을 털어놓지 않고 거짓을 숨겨 왔다고 해도 지나친 처벌은 금물이다. 그 대신 당신은 자녀에게 거짓은 부모와 자녀간의 신뢰를 깨뜨려, 앞으로 어떠한 말을 하더라도 그 말을 믿지 않지 않게 될 거라는 사실을 설명할 필요가 있다.

__ 집안 일 돕는 법 가르치기

당신이 집안 일을 도맡아 하게 되면 대부분의 자녀들은 손끝 하나 까딱하지 않으려는 경향을 보인다. 이것은 자녀 교육에서 무언가 잘못하고 있다는 신호다. 모든 일을 당신이 한다면 자녀 혼자서는 아무것도 할 수 없기 때문이다. 따라서 당신은 자녀에게 어른들이 일하면 도와야 한다는 것을 가르쳐야 한다. 그리고 이러한 사실을 배운 자녀는 책임감 있는 성인으로 자라게 된다.

집안 일은 자녀가 세상에 태어나서 배우게 되는 가장 첫 번째 노동으로 네 살까지는 아주 작은 물건을 들거나, 작은 일만을 처리할 수 있다. 문제는 이러한 자녀에게 "어떻게 하면 안전하면서도 즐겁게 집안 일을 돕도록 가르칠 것인가"이다. 자녀에게 집안 일을 부탁할 때는 "엄마·아빠 좀 도와줘"라고 직접적으로 말하는 것이 가장 효과적이다. 부탁을 받음으로 부모를 도와야겠다는 동기를 갖게 되며, 집안 일이 얼마나 수고스러운 일인지 깨닫게 되기 때문이다.

그리고 일을 끝낸 뒤에는 충분한 성취감을 느끼도록 칭찬을 아끼지 말자. 만약 부탁한 일을 자녀가 실수했다고 하더라도 비판해서는 안된다. 그렇게 되면 자녀는 두 번 다시 그 일을 하려 들지 않을 것이 뻔하다. 그러므로 노력하는 모습을 보인다면, 그걸로 충분하다고 생각하고 고마움을 표현하라. "도와줘서 정말 고맙구나. 덕분에 일이 한결 수월해졌구나"라고 말이다. 그리고 자녀가 집안 일을 돕다가 뭔가 빠뜨렸다면, "도와줘서 고마워. 그런데 이런 부분은 잊은 것 같구나"라고 상기시켜 준 다음, 할 일을 이어서 한다.

노래를 부르거나 대화를 하면서 집안 일을 하거나 집안 일을 다 한 다음에는 재미난 일을 계획하는 것도 좋다. 약간의 용돈도 일의 능률을 높여 준다. 하지만 용돈을 줄 때는 반드시 일이 끝난 후에 주어야 한다. 집안 일을 끝낸 다음 자녀와 함께 놀아주는 것도 좋다.

사과하는 법 가르치기

사람은 누구나 실수를 저지르게 마련이다. 그러므로 당신은 자녀에게 실수를 저지르지 않는 법이 아니라 실수를 저질렀을 때 올바로 대처하는 법을 가르칠 필요가 있다. 누구나 실수를 하지만, 스스로 이를 인정하고, 이를 바로 잡으려고 노력을 기울이는 사람은 많지 않다는 것과 함께 진심이 담긴 사과 한마디가 얼마나 큰 힘을 가지는지도 알려 줄 필요가 있다.

만일 자녀가 잘못을 저지르는 장면을 목격한다면 "친구에게 미안하다고 말하렴. 시간이 지날수록 사과하기는 더욱 힘들어진단다"나 "죄송하다고 말하렴. 거짓말은 나쁜 거란다"라고 즉시 말해 줌으로써 자녀에게 사과하는 법을 가르쳐야 한다. 부모로부터 이러한 교육을 받은 자녀는 다른 사람의 실수를 용서하는 법을 알게 된다. 그리고 이를 통해 상대방에 대한 배려와 자기 스스로 겸손해지는 법까지도 배우게 된다.

필자가 가정에서의 성교육과 자녀의 성 가치관에 대한 조사 결과, 한 가지 특이한 점이 발견되었다. 그것은 바로 교육의 성공 여부와 무관하게, 자녀의 성교육을 위해 노력하는 가정의 자녀가 올바른 성 가치관을 지닐 확률이 매우 높다는 것이었다.

청소년기의 올바른 성교육은 낙태와 미혼모를 예방할 수 있는 유일한 방법이다. 하지만 청소년기는 아직 올바른 성 가치관이 형성되기에는 이른 시기이다. 따라서 당신은 자녀의 올바른 성교육을 위하여 노력할 필요가 있다. 물론 가르치기 민망한 부분도 있을 것이다. 하지만 어릴 때에는 생활 속에서 자녀들의 신체에 관한 질문에 대응하는 것에서 시작해 청소년기가 되면 적절하면서도 충실한 성교육으로 발전시켜 나가야 한다.

__ 존중과 예절 가르치기

존중에 대한 생각은 사람마다 차이가 있겠으나, 무례함에 대한 생각은 대부분 공통된 경향이 있다. 다른 사람에게 욕설을 퍼붓거나 고함을 지르거나 막말을 해대거나 협박하거나 물건을 던지거나 파손하는 행위가 그것이다. 부모와 자녀 사이도 마찬가지이다. 만일 자녀가 위와 같은 행동을 취한다면, 당신은 즉시 자녀의 행동을 중단시킬 필요가 있다. "안 돼, 그만해. 엄마·아빠에게 그런 말을 하는 것은 잘못된 행동이야. 어서 잘못했다고 사과하렴" 이라고 말이다.

세상에 말대꾸를 한 번도 하지 않는 자녀는 없다. 이 세상 모든 부모와 자녀 사이에는 말다툼이 일어나고, 논쟁이 벌어지게 마련이다. 이러한 상황은 지극히 정상이다. 그러므로 이러한 상황이 벌어진다면, 뒤에서 설명할 〈말다툼과 논란을 줄이는 법〉을 참조하여 해결해 나가도록 한다.

__ 친구 놀리는 습관 고치는 법

다른 사람을 놀린다는 것은 곧 다른 사람의 신체적·감정적 약점을 끄집어내 상대에게 치욕감이나 부끄러움을 주어 괴롭히는 것을 의미한다. 만일 당신의 자녀가 외모나 대화법, 행동 등으로 다른 친구를 놀리고 있다면, 이는 곧 자녀의 인성 계발에 적신호가 켜졌다는 것을 의미한다. 당신의 자녀가 이러한 행동을 보인다면 당신은 즉시 말로써 그 행동을 제지해야만 한다. 그리고 자녀로 하여금 그 대상이 되었던 친구에게 사과를 하고 스스로 깊이 반성하게끔 해야 한다.

그런데 이런 습관을 가진 아이들은 대개 부모로부터 방치 또는 방임되었거나, 자존감이 낮은 아이들인 경우가 많다. 이렇게 다른 사람을 놀리는 나쁜 습관을 가지고 있는 아이들은 사실 부모의 각별한 애정과 주의를 필요로 한다. 어릴 적 형성된 이런 나쁜 습관이 조기에 퇴치되지 않는다면 그 습관은 학창 시절 뿐만 아니라 평생 지속될 수도 있기 때문이다.

어린 아이들은 원래 나눔에 대해서 잘 알지 못한다. 아이들은 단지 당신이 하는 모습을 보고 따라 배울 뿐이다. 어린 아이가 자신의 소유물을 빼앗기지 않으려는 본능은 당연한 것이다.

어린 자녀들이 장난감을 두고 다툼을 벌이는 것은 잦은 일일 것이다. 만일 자녀가 장난감을 두고 이러한 다툼을 벌이고 있다면 "네가 한번 가지고 놀았으면, 동생에게도 가지고 놀 기회를 주어야지. 그렇지 않으면 엄마·아빠가 장난감을 치워 버릴 거야"라고 말해 자녀들 간의 다툼을 규제할 필요가 있다.

이렇게 말해도 듣지 않는다면 장난감을 치워 버리고, 자신이 가지고 놀던 장난감을 다른 형제나 친구에게 양보한 자녀를 칭찬해 준다. 혹은 순서를 지키는 법을 가르쳐 주며, 누가 먼저 장난감을 가지고 놀 것인지 그 순서를 정해 줄 수도 있을 것이다.

03

효과적으로 적절히 규제하는 법

지금까지 우리는 자녀에게 무엇을 가르치고 어떻게 규제하여 올바른 인성을 가진 자녀로 성장시킬 수 있는지 살펴보았다. 자녀의 행동 중 규제해야 할 부분이 있다면, 부모는 결심한 바를 과감하게 밀어붙일 필요가 있다. 그리고 마음을 굳혔다면 이제 어떻게 하면 자녀의 행동을 적절히 규제할 수 있는지 알아보자.

우리는 이미 앞에서 대화를 통해 자녀를 가르치는 법에 대해 살펴보았다. 대화를 통해 자녀와 소통하는 것이 무엇보다 중요하다는 것을 당신은 알게 되었을 것이다. 따라서 이제 이러한 표현법을 활용하여 자녀에게 하지 말아야 할 행동과 해야 할 행동이 무엇인지 알아볼 차례다.

표현	이유	방법
직접적이면서도 상세히 표현하기	자녀가 반드시 해야 할 일에 대해 부탁의 형식을 빌지 말고, 직접적이고 상세하게 설명한다.	"나가서 쓰레기 좀 버리고 오지 않을래?"라고 묻는 대신 "나가서 쓰레기 좀 버리고 오렴"이라고 직접적이고 상세하게 설명한다.
해서는 안 될 일 대신, 해야 할 일을 말하기	나쁜 행동을 그만하라는 말 대신 옳은 행동을 말해 주는 편이 학습에 훨씬 효과적이다.	"고함지르고 뛰어다니면 안 돼"라는 말 대신 "천천히 걸어 다녀야지", "밤 늦게 돌아다니지 마"라는 말 대신 "열 시까지는 집에 들어오너라"라고 말한다.
세분화시켜 말하기	해야 할 일을 상세히 정해 주기	"거실 청소하렴"이라고 말하는 대신, "책을 책장에 꼽고 바닥은 진공청소기로 청소하자"라고 말한다.
예의 바른 표현 가르치기	자녀들에게 "고맙습니다", "죄송합니다", "부탁합니다"와 같은 예의 바른 표현을 가르친다.	"색연필을 정리해 주면 고맙겠구나"와 같이 말한다.
조용히 말하기	자녀가 해야 할 일을 말할 때는 조용한 목소리로 이야기하여 자녀의 집중력을 높여 준다.	몇 번이나 반복해서 이야기해도 듣지 않는다면 조용한 목소리로 "엄마·아빠 말 들어"라고 이야기한다.
이유를 설명하기	할 일을 시키기 전에는 그 일을 해야 하는 이유를 설명하자. 이를 통해 부모에게 반발하지 않고 부모의 의견을 존중하는 법을 배우게 된다.	"학교를 가야 하니까 이제 옷 입고 신발 신자"와 같이 말한다.
자녀에게 선택권을 주기	자신의 일을 스스로 선택함으로 자녀는 올바른 의사결정 방식과 책임감에 대해 배우게 되고 스스로의 일을 능동적으로 해결해 나갈 수 있게 된다.	"상을 차릴까 아니면 행주로 먼저 닦을까?" "오늘은 대청소하는 날인데 방청소부터 할까 아니면 마당 청소부터 할까?"

하지만 규제를 하는 방법은 규제의 기간과도 밀접한 관련을 가진다. 바로 지금이나 단기간 동안 할 수 있는 규제가 있고, 오랜 시간을

두고 규제를 해야 할 경우도 있다. 그렇다면 규제 기간에 따른 방법에 대해 알아 보자.

01 | 단기 규제

자녀가 비교적 짧은 기간이나 빠른 시간 내에 행동을 고치기를 원하는 경우, 단시간 동안 자녀의 행동을 규제하는 편이 효과적이다. 가령, "오늘 밤에는 일찍 자렴" 하고 말하는 것과 같은 경우이다.

02 | 장기 규제

때때로 부모는 자녀의 행동을 장기간 규제하는 규칙을 정할 필요가 있다. 자녀에게만 적용되는 것이 아닌 일반적으로 가족 구성원 모두에게 적용될 수 있는 규칙의 경우가 그러하다. '식사 후에는 반드시 이를 닦는다' 나 '식사 후에는 그릇을 설거지통에 가져다 놓는다', '실내에서는 조용히 할 것', '가족 간에 불화는 대화로 푼다' 와 같은 것이 있다.

__ 가족회의로 규제하라

가족회의란 온 가족이 모여 가족 행사나 문제에 대한 이야기를 나누는 것을 말한다. 그리고 자녀들에게 가족의 규칙을 상기시키고 이러한 규칙을 어길 경우 어떠한 상황이 벌어질 수 있는지를 알리기에 가장 적합한 때가 바로 가족회의 시간이다. 또한 정해진 시간과 규칙에 따라 손쉽게 결정할 수 있다는 점에서 가족 행사나 일정을 결정하기에도 가장 좋은 때가 된다. 따라서 가족회의 시간에 논의할 수 있는 일들은 행사나, 일정 외에도 집안 일 분담, 아침에 일어나서 해야 할 일, 잠자리에 들기 전에 해야 할 일 등 그 종류가 무궁무진하다.

이러한 가족회의는 십대 이상의 자녀를 둔 가정에서 특히 그 효과가 크다. 십대들은 자신에게 주어진 기대치와 그 기대치를 어겼을 때의 인과관계에 대해 이해할 수 있는 능력을 가졌기 때문에 가족 내 규칙을 준수하려는 경향이 강하다. 따라서 이러한 규칙과 결과의 인과관계에 대해 이해가 가능한 십대들은 규칙을 어겼을 경우, 부모에게 반발하는 경향이 수그러들게 마련이다.

그렇다면 그러한 가족 내의 규칙은 어떻게 정하는 것이 좋을까? 다음과 같은 규칙을 따른다면 크게 문제될 것이 없다.

- 가족 내 규칙을 처음으로 정하는 가정이라면, 한 번에 세 가지 이상의 규칙을 정하지 않는다.
- 모든 가족 구성원이 협의하여 가족 내 규칙을 어겼을 때에 관한 벌칙을 정한다.
- 가족 내 규칙은 자녀뿐만이 아니라 부모를 포함한 가족 구성원 모두에게 적용되는 것이어야 한다. 그러므로 가족 내 불화가 있을 때 대화로 풀기로 했다면, 이 규칙은 자녀뿐 아니라 부모에게까지 적용되어야만 한다. 그 벌칙은 먼저 사과하기나 벌금 등으로 정할 수 있다.
- 가족 내 규칙을 정했다면 종이에 적어 두고, 거실이나 화장실, 냉장고 등 온 가족이 볼 수 있는 곳에 붙여두고 가급적 자주 읽도록 한다.
- 가족 내 규칙을 적어 둘 때는 그 의미를 이해할 수 있으며, 오해의 여지가 없도록 쉽고 상세하게 표현한다.

그렇다면 가령, '때리기 없기' 라고 규칙을 정했는데 누나가 동생을 발로 찬다면, 어떻게 할 것인가? 누나 입장에서 보면 결코 동생을 때린 일이 없다. 그럼 '발로 차기 없기' 라는 규칙을 만들 참인가? 그렇게 하다 보면 물기 없기, 머리 잡아당기기 없기, 꼬집기 없기 등의 규칙도 만들어야 할지도 모른다. 그럴 때는 '아프게 하기 없기' 와 같이 포괄적인 규칙을 정해 놓는다면, 위의 행동을 모두 예방할 수 있을 것이다. 그렇다면 가족 내에서 정할 수 있는 몇 가지 규칙을 비교해 보자.

~라고 적어 두는 대신에	~라고 적어 두기
물지 않기, 때리지 않기 놀리지 않기	상처 주지 않기
장난감 부수지 않기, 크레파스 가져가지 않기, 혼자서만 간식 먹지 않기	다른 사람의 물건을 소중히 여기기
욕하지 않기, 괴롭히지 않기, 겁주지 않기	다른 사람을 존중하기
말대꾸하지 않기, 말싸움하지 않기	도와달라는 부탁을 받으면 "네"하고 대답하기
거짓말하지 않기, 도둑질하지 않기	솔직하기
안전장비를 착용하기 전에 자전거 타지 않기, 낯선 사람과 이야기 하지 않기	안전을 가장 우선으로 생각하기
텔레비전을 보기 전에 숙제부터 마치기, 집안 일 돕기	텔레비전을 보기 전에 숙제와 집안 일 마치기

이처럼 포괄적인 규칙들을 만들게 되면, 아이들은 자신의 행동에 대해 좀 더 심사숙고하게 마련이다. 그리고 그 행동이 어느 범주에 포함되는지 의식하게 된다. 이를 통해 아이는 자신이 해도 되는 것과 해서는 안될 규정들을 스스로 판단하게 될 것이다.

__ 일관성 있으면서도 여지를 둔 규제를 하라

당신의 말을 100% 다 듣는 자녀는 없다. 다시 말하면, 당신은 자녀에게 무언가를 시켰을 때 어느 정도 여지를 두는 것이 좋다는 뜻이다. 다음 예를 살펴보고 자녀에게 어떤 일을 시켰을 때 어느 정도의 여지를 두는 것이 좋을지 생각해 보자.

- 당신은 자녀에게 설거지를 하고 난 다음 상을 닦거나, 상을 닦은 다음 설거지를 하라고 할 수 있다. 둘 중 어느 것을 먼저 해도 좋은 경우에는 자녀에게 순서를 결정하게 한다. 이렇게 하면 자녀는 순서에 따라 일을 처리하는 것을 배우게 된다. 가령, 마당 청소는 비가 내리기 전에 하기보다는 비가 내린 후에 하는 편이 더 효율적이라는 사실을 말이다.
- 자녀에게 "10분이나 15분 내로 이 일을 끝내렴"이라고 말했더라도, 그 일을 끝내기 위해서는 일반적으로 당신이 생각하는 것보다 더 오랜 시간이 걸린다는 사실을 기억하자.
- 부모가 시킨 일을 하면서 자녀가 불만스러워 하는지 아니면 행복해 하는지는 상관할 수 없지만, 무례한 태도를 절대로 용납해서는 안 된다.
- 시킨 일을 원활하게 끝내지 못하더라도, 당신은 자녀가 성인만큼 경험과 실력을 가지고 있지 못하다는 것을 염두에 둘 필요가 있다.

비추천	추천
부모 : 철수야, 상 좀 닦으렴. 철수 : 이 프로그램만 보고 하면 안 돼요? 거의 다 끝나가는데. 부모 : 지금 당장 상을 안 닦으면 일주일 내내 텔레비전 못볼 줄 알아.	부모 : 철수야 상 좀 닦으렴. 철수 : 이 프로그램만 보고 하면 안 돼요? 거의 다 끝나가는데. 부모 : 그래, 그러렴. 그런데 그 프로그램이 끝나도 상을 안 닦아 놓으면 내일은 텔레비전 못볼 줄 알아.

비추천	추천
부모 : 영희야, 이제 그만 놀고 들어와서 밥 먹자. 영희 : 엄마, 조금만 더 놀고 들어가면 안 돼요? 부모 : 어서 들어와. 지금 당장 안 들어오면 내일은 놀러 못나갈 줄 알아라.	부모 : 영희야, 이제 그만 놀고 들어와서 밥 먹자. 영희 : 엄마, 조금만 더 놀고 들어가면 안 돼요? 부모 : 그러면 딱 15분만이다. 15분 뒤에도 안 들어오면 내일은 놀러 못나갈 줄 알아라.

이처럼 자녀에 대한 부모의 규제는 일관성이 있으면서도, 그 범위 안에서 여지가 있어야 한다. 여기서 여지란, 자녀가 이해하기에 확실히 그럴 만한 다른 이유를 뜻한다. 상단의 표 오른쪽 부분에서 살펴본 바와 같이 부모는 자녀와의 약속에서 어느 정도 여지를 둘 수 있다. 철수와 영희는 부모의 말을 들어야 하지만 약간의 여지는 남겨두었다.

이처럼 부모로서 자신의 뜻을 이루는 데는 별 차이가 없지만 자녀들이 고마운 마음을 가지도록 약간의 여지를 주는 것 역시 자녀를 효과적으로 규제하는 좋은 방법이다. 이런 식으로 하면 자녀는 부모의 말을 더욱 잘 듣게 될 뿐 아니라, 말다툼이 일어날 확률도 훨씬 낮아진다.

말다툼과 논란을 줄이는 법

__ 일관성 있는 말과 행동을 하라

당신이 자녀의 행동을 규제하기 시작하면 대부분의 자녀는 반항하기 마련이다. 그러나 당신은 이러한 규제가 자녀를 위해 꼭 필요한 것임을 알고 있다. 그렇다면 자녀를 위해 규제를 해야만 하는 일련의 과정에서 발생할 수 있는 자녀의 반항과 말다툼을 줄이는 방법에는 어떤 것이 있을까?

첫 번째 방법은 당신 스스로 자녀를 위해 최선이라고 믿는 규제를 일관성 있게 실시하는 것이다. 당신의 기준이 이랬다저랬다 한다는 것을 알게 되면, 자녀는 당신의 마음을 바꾸기 위해 말대꾸를 시작하게 마련이다.

두 번째 방법은 자녀에게 존경받는 부모가 되는 것이다. 존경은 그냥 얻어지는 것이 아니라 노력을 통해 얻어진다. 당신은 사랑과 지혜로 자녀를 아껴줌으로써 자녀의 존경을 얻을 수 있다. 그러니 〈사랑의 규제표〉를 참조하여 스스로의 규제와 규칙에 확신을 갖도록 하자. 그리고 자신의 행동이 자녀를 위한 최선의 방법인지 스스로 납득할 수 있도록 설명해 보자. 이렇게 존경받는 어른의 모습을 보여줌으로써 당신은 자녀를 올바른 인격을 갖춘 성인으로 성장시킬 수 있게 된다.

또한 당신은 일관성 있는 행동과 태도로 자녀의 존경을 얻을 수도 있다. 그렇다면 일관성이란 무엇인가? 당신은 스스로가 하겠다고 말한 행동을 실천에 옮김으로써 자녀에게 일관성 있는 어른으로 비쳐질 수 있다. 만약 자녀가 의견에 동의하지 않더라도 당신의 의지가 어디에서 비롯한 것이며, 자신들의 안전을 위해 최선을 다하는 당신의 모습을 보게 되면 자녀는 존경하는 마음을 가지게 될 것이다.

존경받지 못하는 규제	존경받는 규제
"자전거를 길에 두고 오다니 당장 가서 찾아 오지 못해! 만일 자전거를 잃어버렸다면 가만히 두지 않을 테다. 멍청한 녀석 같으니."	"자전거를 두고 오다니, 엄마·아빠는 네가 네 물건을 소중히 여기지 않았다는 점이 정말 실망스럽구나. 지금이라도 나가서 찾아 오너라. 도둑이 가져가기라도 하면 어떻게 하니. 앞으로 집에 들어오기 전에는 꼭 챙겨서 들어오려무나."

자녀와의 말다툼을 줄일 수 있는 또 다른 방법은 학교나 학원에서 자녀와 말다툼이 잦은 다른 친구의 예를 보여 주는 것이다. 우리 주변에는 부모의 과잉보호와 지나친 선물 공세 속에서 온실 속 화초처럼 자라나는 자녀들이 있게 마련이다. 이러한 가정의 부모들은 자녀의 행동을 좀처럼 규제하지 않거나 아니면 아예 규제하지 않기도 한다.

하지만 이러한 자녀들은 정작 가정이 아닌 다른 곳에서 문제를 일으킨다. 그리고 성인이 되어서도 대인 관계나 사회활동에서 문제를 겨게 마련이다. 자신의 자녀가 이렇게 되기를 원하는 부모는 단 한 명도 없을 것이다. 따라서 당신은 자녀에게 이러한 이유를 설명할 필요가 있다. 자녀를 아끼는 만큼, 자녀가 훌륭하고 행복한 성인으로 성장하기를 바란다고 말이다.

__ 열린 마음으로 대화하여 문제를 해결하라

하지만 자녀와의 갈등을 해결하는 가장 좋은 방법은 뭐니뭐니해도 열린 마음으로 대화하는 것이다. 대화는 당신이 정한 규칙으로 인한 불화를 불식시키는 데 도움이 될 뿐 아니라, 자녀로 하여금 당신의 말에 귀를 기울이게 하여 둘 사이의 관계를 회복하는 데도 도움이 된다. 아울러 앞서 설명한 바와 같이 십대 자녀에게는 중독성 약물의 오남용을 예방하고 올바른 성 가치관을 가지게 하는 데에도 도움이 된다.

그렇다면 열린 마음으로 대화를 해서 그 문제를 해결하려면 어떻게 해야할까? 다음의 기준을 따르면 될 것이다.

- 우선, 당신의 규제에 대한 자녀의 솔직한 생각과 감정을 털어놓게 한다. 대화의 주제는 반드시 부모의 규제에 관한 것일 필요는 없다. 1인칭 관점을 이용하여, "제 생각에는~", "제가 느끼기에는~"과 같이 자신의 감정을 솔직히 표현하게 한다. 가급적이면 감정 상태를 솔직하고 자세히 표현하게 하는 것이 좋다.
- 말을 중간에서 끊지 않고 자신의 말에 귀를 기울이고 있다는 생각이 들도록, 중간 중간에 자녀의 말을 반복해 주거나 요약해 주는 방식으로 자

녀의 말에 적절히 호응을 한다.

- 당신과 자녀 모두가 삼천포로 빠질 수 있는 주제나 동떨어진 대화는 삼가도록 한다.

- 자녀가 지나치게 감정적으로 대응하거나 큰 소리를 내면, 진정을 시킨 다음 대화를 이어간다. 당신에게 욕설을 하거나 협박을 하는 등 지나치게 무례하게 구는 경우, 대화를 계속해 나갈 수 없음을 알린다. 그리고 자리에 조용히 앉힌 후 자녀가 진정될 때까지 침묵을 지킨다.

- 자녀에게 미안한 일이 있다 하더라도, 양보하지 말아야 할 부분을 양보해서는 안 된다. 자녀에게 잘못을 저질렀다면 미안하다고 사과하고, 자녀가 문제를 스스로 해결해 나갈 수 있도록 돕는다.

- 자녀의 의견에 동의한다면, 부모라 할지라도 자신의 의견을 충분히 바꿀 수 있다. 그러나 이것은 타당한 근거를 바탕으로 해야만 한다. 타협점을 찾는 것이 반드시 나쁜 일은 아니다. 자녀에 대한 규제가 직접적으로 안전에 관련된 것이 아니라 당신의 개인적인 판단에 의한 것이라면, 예외를 허용하거나 타협점을 찾는 것도 충분히 가능하다.

- 자녀의 의견에 반대한다면, 왜 반대하는지 그 이유와 함께 그에 따른 규제에 대해 차분히 설명한다. "엄마 · 아빠가 생각하기에는 너에게 최선이라고 생각되는 일을 권한 거란다. 왜냐하면, 엄마 · 아빠는 그만큼 너를 아끼기 때문이란다"와 같이 말이다.

- 더 이상 할 말이 없다면, 대화를 질질 끄는 것은 무의미하다. 아이도 더 이상 할 말이 없는지 확인하고 대화 시간이 끝났음을 알려 다른 일을 해도 좋다고 말한다. 만일 아이가 계속해서 자신의 입장을 늘어놓는다면, 대화가 말싸움으로 이어질 수도 있으므로 대화를 즉시 중단하도록 한다.

부모들이 흔히 빠지는 함정 중 하나가 말을 듣게 만들어야 할 자녀
와 말다툼을 벌이는 것이다. 당신은 어린 자녀들과 말도 안 되는 말다
툼을 벌이고 있을 이유가 없다. 아이들이 말대꾸를 하는 다음의 몇 가
지 경우를 보고 적절한 대응법을 활용해 보자.

 **"내 차례도 아닌데……"**

부모의 주장　혜라야, 가서 설겆이 좀 하렴.

자녀의 주장　제 차례가 아닌걸요. 어제도 했단 말예요. 오늘은 동생 차례예요.

부모의 반론　동생이 지금 학원에 가고 없잖니. 엄마 좀 도와줄래. 동생에게는 나중에 네
　　　　　　　차례에 한 번 더 하라고 하면 되지. 그러니 지금 엄마 좀 도와주렴.

위의 예에서 부모는 자녀에게 지금 당장은 불공평해 보일지라도 그
것을 보충해 줄 기회를 주겠다고 말하며, 원래 자녀에게 했던 요청을
반복하고 있다. "그러니 지금 엄마 좀 도와주렴"이라고 말이다. 만일
당신의 자녀가 말다툼을 계속 한다면, "설거지를 끝낸 다음에 이야기
하자꾸나"라고 말하여 다음에 자녀의 부탁을 들어줄 수 있는 기회를
한 번 더 주도록 한다.

 **"내가 그런 것도 아닌데요."**

부모의 주장　우유를 쏟았으면 닦아야지.

자녀의 주장　내가 한 것도 아닌데 왜 저보고 그래요. 저는 우유를 마시지도 않았는데…….

부모의 반론　네가 한 것은 아니라도 엄마·아빠가 부탁하면 들어 줘야지. 우유만 닦든
　　　　　　　지 아니면 부엌 청소를 도와주든지, 둘 중 한 가지를 선택하렴.

"내가 그런 것도 아닌데"라는 싸움은 "왜 나만 갖고 그래?"라는 싸
움의 변형된 형태라 할 수 있다. 이때 자녀의 불만은 부모의 처사가 공

평하지 않다는 것에 있다. 하지만 부모 입장에서는 자녀가 우유를 마셨는지 여부는 중요치 않다. 우유를 닦는 것은 그리 어려운 일이 아니고 자녀가 자신의 부탁을 들어주는지 들어주지 않는지를 보고자 하는 것이다.

 "조금만 있다가요."

부모의 주장 저녁밥 다 식겠다. 빨리 오너라.

자녀의 주장 잠깐만요. 조금만 더 하면 새로운 판으로 넘어간단 말이에요.

부모의 반론 지금 당장 밥 먹으러 안 오면 내일은 컴퓨터 사용 못할 줄 알아.

부모라면 누구나 이러한 상황을 한두 번쯤 겪어 보았을 것이다. 하지만 이러한 악순환을 계속 겪을 필요는 없다. 이러한 상황은 정말로 소모적이며 스트레스 쌓이는 일이기 때문이다. 한 번 이야기했는데도 말을 듣지 않으면 했던 이야기를 계속해서 반복하고 또 반복해야만 한다. 위의 예에서 부모는 요점을 잘 짚어냈다. 자녀를 저녁 식사에서 멀어지게 하는 것이 게임이라면, 부모는 자녀를 게임으로부터 떼어놓을 필요가 있다.

 "남들은 다 하는데……"

부모의 주장 친구들이랑 영화 보고 집에 바로 오너라.

자녀의 주장 친구들은 영화보고 나서 피자 먹으러 가는데…….

부모의 반론 친구들이 다 한다고 해서 너도 하라는 법은 없단다. 아무리 늦어도 10시까지는 집에 들어오기로 엄마랑 약속했잖니. 영화 끝나고 집에 바로 오지 않으면 외출 금지야.

자녀들은 자신의 주장이나 힘든 점을 부각시켜 부모를 곤란하게 만드는 경우가 있다. 하지만 부모 역시 이에 질 수는 없다. 가족 내 규칙에 대해 다시 한 번 알려 주게 되면 자녀는 더 이상 부모에게 반론을 제기하지 않게 된다.

"나도 이제 다 컸는데……"

부모의 주장　숙제도 해야 하는데 밤 늦게 돌아다니면 안 돼.

자녀의 주장　저도 이제 제가 하고 싶은 일 정도는 혼자서 결정할 수 있어요. 엄마·아빠는 아무것도 모르면서…….

부모의 반론　너는 아직 덩치만 컸지 어른들이 올바로 자라게 도와줘야 할 나이란다. 엄마·아빠는 네가 올바른 결정을 내릴 수 있도록 돕고 싶을 뿐이란다.

십대의 자녀를 둔 부모라면 흔히 들어봤을 이야기이다. 이는 특히 십대의 아이들에게서 나오는데, 부모로부터 독립적인 존재로 인정받고 싶은 마음의 발로에서 나온다. 하지만 자녀가 이런 이야기를 한다면, 한 귀로 듣고 한 귀로 흘려도 좋다. 부모는 자녀가 올바른 결정을 내리도록 도와야 할 의무가 있다.

"아빠는 안 시키는데……"

부모의 주장　세차 좀 해 놓으렴.

자녀의 주장　아빠는 그런거 안 시키는데…….

부모의 반론　아빠 말만 들어야 하는게 아니라 엄마·아빠 말을 모두 들어야 하는 거야. 나중에 아빠도 세차하라고 말씀하실 거야.

자녀들은 때때로 부모를 함정에 빠뜨리는 식으로 자신이 원하는 바를 얻으려 하기도 한다. 가령, 아빠들은 엄마보다 많은 부분을 허용해 주는 경우가 있기 때문에, 자녀들은 엄마가 안 된다고 한 일도 아빠에게 다시 물어 허락을 받고는 엄마에게 다시 와서는, "아빠는 된다고 하는데 왜 엄마는 안 된다고 해?"라고 묻는 경우가 있다.

만일 이러한 행동을 한다면, 자녀가 솔직하게 털어놓도록 자녀의 행동 순서를 되짚어 볼 필요가 있다. 그리고 당신은 자신의 배우자와 자녀의 행동을 어디까지 규제할 것인지 가급적 자주 대화를 나눌 필요가 있다. 또한 배우자의 주장이 일관성을 잃지 않도록 해야 하며, 부모 중 어느 한편이 "안 돼"라는 말만 반복하는 나쁜 부모가 되지 않도록 해야 한다.

앞의 사례들처럼 자녀가 계속해서 말다툼을 걸어오거나 논란을 계속할 경우, 당신도 사람인 만큼 지칠 수밖에 없다. 이런 경우에는 화난 것을 드러내지 않고 조용히 자리를 비우는 것도 좋은 방법이다. 그렇지 않으면 "너는 자꾸 싸우려고만 드니 이야기를 계속할 수가 없구나. 원한다면 내일 이야기를 계속하도록 하자"라고 한 다음, 그날 있었던 일에 대해 아무런 언급도 하지 않는다. 단 한 마디도 말이다.

이러한 반응을 보임으로써 당신은 상황에 대한 자제력을 잃지 않았음을 증명할 수 있다. 또한 자녀와 쓸데없는 시비에 휘말리지도 않고, 말다툼에서 지지도 않은 채 자신의 굽히지 않는 태도까지 보여 준 셈이다. 물론 다음 날 다시 이야기를 할 때도 이러한 태도를 굽혀서는 안 된다.

그런데도 자녀가 끝까지 당신의 말을 듣지 않는다면, 마지막으로 사용할 수 있는 방법은 자녀의 행동을 규제하는 것이다. 다음 장에서 살펴보게 될 방법은 부모의 규제를 더욱 강화하는 데 도움을 줄 것이다.

5장

다섯 번째 비법

단계적인 교육 계획 수립

책임감과 인내심을 가진 자녀로 키워라

01

어떻게 하면 아이가 말을
더 잘 듣게 될까?

__ 유대 관계가 최선책이다

이 장에서 우리는 어떻게 하면 자녀가 말을 잘 듣도록 할 수 있는지 알아볼 것이다. 문제는 부모의 훈육을 자녀들이 100% 따르는 것이 아니라는 것이다. 만약 당신이 앞의 내용을 생각만 하고 실천에 옮기지 않고 있다면 그 부분을 찾아 읽고 서둘러 실천하는 편이 좋다. 물론 지금부터 할 이야기도 실천하지 않으면 아무 소용이 없다.

새삼스럽게 앞 장의 중요성을 강조하는 이유는 부모와 자녀의 유대 관계와 친밀도에 따라 이번에 소개할 비법의 성패가 좌우되기 때문이다. 사실 부모와 자녀간의 유대 관계는 자녀 교육에 가장 큰 도움을 준다. 자녀와 친밀한 유대 관계를 유지하는 부모들은 자녀에게 많은 것을 강요하지 않는다. 자녀들이 스스로 원해서 부모의 말을 듣기 때문이다.

그러나 둘의 관계가 허울뿐이라면 자녀는 부모의 말이 아닌 다른 사람의 말을 귀담아듣게 될 뿐 아니라 부모에게 입에 담지 말아야 할 말이나 행동까지 서슴지 않게 된다. 이처럼 부모와 자녀간의 유대 관계 없이 자녀 교육을 논하는 것은 모래 위에 집을 짓겠다는 것과 같다. 기초가 튼튼해야 튼튼한 집이 되듯이, 유대 관계 없이 올바른 자녀 교육은 이루어질 수 없다.

__ 상과 벌을 효과적으로 활용하라

자녀의 행동에는 좋건 나쁘건 결과가 따르게 마련이다. 그리고 부모는 그 결과를 놓고 자녀에게 상을 줄지 벌을 줄지 결정한다. 흥미롭게도 아동 심리학에 관한 한 연구 결과에서 어떠한 행동으로 상을 받은 아이는 다음에도 같은 행동을 반복할 확률이 높다는 사실이 밝혀졌다. 또한 어떤 행동 때문에 벌을 받은 아이는 같은 행동을 반복할 확률이 낮다는 사실도 확인된 바 있다.

하지만 상과 벌의 개념은 보는 이에 따라 차이가 있다. 부모 입장에서는 벌을 준다고 외출을 금지한 것이 자녀의 입장에서는 혼자 지낼 수 있는 즐거운 시간이 될 수도 있다. 아름다운 오페라가 어떤 사람의 귀에는 소음으로 들리듯, 상과 벌의 개념도 받아들이는 사람에 따라 다른 것이다.

가령, 세연이는 오늘 벽에 낙서를 하고 엄마의 머리를 잡아당기는 등 하루종일 심술을 부렸다. 그래서 엄마는 벌을 주기로 결심하고 반성할 때까지 세연이를 방에서 나오지 말라고 한다. 엄마 생각에는 세연이가 혼자 있는 시간을 참지 못해 곧 밖으로 나올 것 같지만, 예상과 달리 시간이 흘러도 세연이는 나올 기미가 없다. 마침내 엄마는 세연이에게 묻는다.

"세연아, 엄마한테 미안하지?"

세연이는 대답한다.

"아니요."

그렇다면 도대체 방 안에서는 무슨 일이 벌어졌던 것일까? 세연이를 방에 가둔 엄마의 벌은 오히려 세연이에게는 상이었던 것이다. 방 안은 세연이가 좋아하는 인형들로 가득했기 때문이다. 그러므로 상과 벌에 대한 부모와 자녀의 생각에는 개념의 차이가 있을 수 있다.

한 가지 더 유의할 점은 어린 자녀의 경우 변덕스러운 날씨만큼이나 기분이 자주 바뀐다는 것이다. 오늘 세연이가 방 안에서 인형을 가지고 노는 데 아무런 불만이 없었다고 해서, 내일도 사과하지 않고 방 안에서 버티리라는 법은 없다.

따라서 상과 벌을 줄 때는 자녀의 입장을 충분히 고려하여 부모가 주는 상과 벌의 의미를 아이가 제대로 알고 받아들일 수 있는지 판단해 볼 필요가 있다. 아울러 벌이 효과를 제대로 발휘하기 위해서는 고통이 수반되어야 한다고 생각하는 부모도 있다. 그러나 벌은 잘못된 행동을 멈추기 위한 것이지, 자녀에게 고통을 주기 위한 것이 아니다.

02

행동 제한을 실천하라

부모들은 보통 자녀의 장점보다 단점에 더 신경을 쓴다. 이것은 어쩌면 인간 사회가 내포하고 있는 특성 때문인지도 모른다. 우리 사회는 상보다는 처벌에 중심을 둔 체계로 이루어져 있기 때문이다. 게다가 직장에서는 잘한 일에 대해 칭찬받기보다는 못한 일에 대해 지적받는 경우가 더 많다.

자녀들 역시 마찬가지이다. 자녀를 키우다 보면, 그들의 잘못된 행동만 유독 눈에 띄지 않는가. 그리고 당신은 이에 대해 벌을 내리곤 한다. 나쁜 짓만 일삼는 자녀라 할지라도 한번쯤은 착한 일을 하는 경우도 있는데 말이다.

하지만 정작 처벌만 받고 자란 자녀보다는 칭찬을 받으며 자란 자녀가 훨씬 올바르게 성장한다. 그리고 아이들은 칭찬을 받거나 그에 따른 상을 주면 지속적으로 그것을 받고자 노력을 하게 된다. 그러므로 부모는 이러한 심리를 이용해 자녀의 행동을 교정할 수 있는 방법을 찾아야 한다.

부모가 주는 상은 자녀에게 긍정적인 자아상을 심어 줄 뿐 아니라, 자신감을 키워 주어 성취욕을 부추긴다는 점에서 부모에게도 도움이 된다. 또한 상은 좋은 행동이 다시 좋은 행동을 낳게 하는 결과를 불러온다. 그리고 자녀들 역시 화가 난 부모에게서 상을 기대하기란 힘들다는 사실을 알고 있으므로, 부모의 의사를 최대한 존중하려고 애쓰게 된다.

- **상의 두 가지 방법**
  - 자녀가 좋아하는 선물 사 주기
  - 자녀가 좋아하지 않거나 하고 싶어 하지 않는 일을 없애 주기

- **기타 활용할 수 있는 상**
  - 칭찬하기
  - 용돈 주기
  - 자녀가 필요로 하는 도움을 주기
  - 스티커로 칭찬해 주기
  - 관심을 기울이기
  - 간식 주기
  - 함께 외출하기
  - 외식하기
  - 특별한 대우해 주기

- 선물 주기
- 벌칙을 끝내 주기
- 재미있게 놀아 주기
- 자연스럽게 보상해 주기

고맙다고 표현해 주기, 안아 주기, 웃어 주기 등은 자녀에게 훌륭한 보상이 된다. 조사 결과에 따르면 웃어 주고, 안아 주고, 고맙다고 표현하는 것은 아이들에게 특별 간식보다도 훨씬 큰 상으로 여겨지는 것으로 나타났다.

또한 부모와 함께하는 외식은 자녀에게 단순히 맛있는 음식을 먹는다는 것을 넘어 부모의 관심을 한 몸에 받는다는 것을 의미한다. 이러한 관심은 자녀가 받는 상의 의미를 한층 강화시키는 역할을 한다.

흥미로운 사실은 십대들이 폭력 조직에 가담하는 가장 큰 이유가 사람들의 관심을 받기 위해서라는 것이다. 가정에서 충분한 관심을 받는다면 자녀는 다른 사람들에게 더 이상 관심을 구하지 않을 것이다.

__ 상은 어떻게 주는 것이 가장 좋을까?

상은 자녀가 착한 일을 하면, 곧바로 주는 것이 가장 효과적이다. 자녀에게 상벌 제도를 처음으로 적용하기로 한 부모라면 더욱 그러하다. 당신이 아무런 말도 하지 않았는데 아들이 옷가지를 걸거나, 물건을 정리하기 시작한다면 모습을 본 즉시 상을 주어야 한다. "정리 정돈을 잘해 주다니, 정말로 고맙구나. 엄마·아빠가 치우라고 말하지도 않았는데" 라고 말하면서 말이다.

그렇다고 해서 자녀가 어떤 행동을 하나하나 할 때마다 따라 다니며 칭찬해 줄 필요는 없다. 지나치면 모자란 것만 못하다는 말이 있지 않은가. 자녀들도 혼자 힘으로 해결하는 법을 배워야 하기 때문이다. 그러나 자녀로 하여금 부모가 자신들의 행동에 무관심하다는 생각이 들게 해서는 안 된다.

이 글을 읽는 사람 가운데는 자녀가 착한 일을 전혀 하지 않기 때문에 칭찬할 것이 없다는 부모도 있을 것이다. 그렇다면 부모의 생각부터 바꿔야 한다. 세상에 아무리 작은 일이라도 칭찬할 것이 없는 자녀는 없다. 만일 자녀에 대한 부모의 만족도가 낮다면, 자녀에게 지나친 기대를 걸고 있지 않은지 혹은 자녀의 부정적인 면에만 집중하고 있지는 않은지, 자녀와 보내는 시간이 적은 것은 아닌지 생각해 볼 일이다. 그리고 자녀에게 칭찬할 일을 아무것도 찾을 수 없다는 이는 부모와 자녀 모두 전문가의 도움을 받아야 할 것이다.

집안 일을 돕고 나면 용돈을 주는 것도 자녀의 책임감을 길러 주는 좋은 방법이다. 하지만 자녀가 집안 일을 도울 때 용돈을 주겠다고 결심했다면 세심하게 고민한 후 결정할 필요가 있다. 그런 다음 실제로 그 일을 했는지 확인하고 정기적으로 용돈을 주어야 한다. 원하는 모든 것을 다 해준 상태에서 용돈을 주는 것은 자녀에게 큰 의미가 없다. 십대 자녀에게 너무 많은 용돈은 탈선을 부추길 뿐이다. 자신이 원하는 바를 이루기 위하여 용돈을 모으는 습관이 있는 자녀라면 사회에 나가서도 돈의 소중함을 깨닫고 자신이 원하는 목표를 이루기 위해 최선을 다하게 되겠지만 말이다.

어떤 부모들은 옷이나 학용품 구입비까지 용돈의 범위에 포함시켜 자녀가 알아서 사도록 하는 경우도 있다. 이러한 방식은 돈의 쓰임이를 가르친다는 점에서 긍정적인 효과를 가지기는 하나, 고등학생 이전의 자녀라면 아직 이러한 결정을 혼자 알아서 하기에는 이른 감이 있다.

십대 자녀를 둔 부모라면, 의류를 구입할 때 용돈을 아껴서 사게 하는 것도 좋다. 십대 아이들은 보통 신발을 사 주겠다고 하면 값비싼 신발을 고르기 마련인데, 이러한 경우 일정 비용 내에서 부모가 신발 값을 지불하고 나머지는 자녀의 용돈에서 부담하게 하는 것도 좋다.

자녀들은 대부분 공부를 열심히 하고 싶지만, 특별한 동기가 없어서 혹은 좋은 성적이 무엇을 의미하는지 모르기 때문에 공부를 게을리 하는 경우도 있다. 공부를 할 동기가 없는 자녀라면, 당신은 공부를 통해 진로 선택의 기회가 훨씬 넓고 다양해질 수 있으며, 직업이 인생에 얼마나 중요한 영향을 끼치는지 설명해 줄 필요가 있다.

이렇게 설명해도 자녀가 알아듣지 못한다면, 성적이 오르면 적은 금액이나마 용돈을 주겠다고 제안하는 것도 좋다. 성적에 따라 용돈을 올려받을 수 있다는 사실은 자녀에게 학교 생활을 잘할 수 있는 동기를 부여한다. 물론 상으로 용돈을 주기 싫다면, 선물이나 집안 일 면제 등 다른 보상을 하는 것도 좋다.

그런데 자녀의 학교 성적이 향상되었을 때 부모가 하기 쉬운 실수 중 한 가지가 있다. 바로 학기말과 같이 결정되지 않은 미래의 일까지 지나치게 많은 보상을 한다는 것이다. 사실 보상은 단기간에 목표 달성을 했을 경우에 활용하는 것이 가장 효과적이다. 매주 학교 선생님으로부터 오는 학업 통지서나 매달 학교에서 오는 성적표에서 성적이 향상된 만큼 작은 선물을 하나씩 주는 편이 효과적이라는 뜻이다. 숙제를 잘해 가서 좋은 점수를 받았을 때도 마찬가지다.

__ 상은 벌보다 훨씬 효과적이다

그렇다면 상은 정말 좋기만 한 것일까? 그리고 정말 효과가 있는 것일까? 상으로 하는 행동 제한은 실제로 좋은 행동이 계속되게 하고 나쁜 행동을 미연에 예방하는 효과를 가진다.

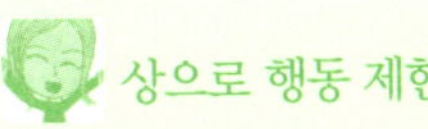 상으로 행동 제한하는 법

"(자녀의 이름), (부모가 요청하는 사항 / 바른 행동)를 하면, (상)을 줄거란다"

그리고 상을 준다고 이야기할 때는 간단명료하면서도 상을 줄 내용을 상세하게 말해 줄 필요가 있다. 하지만 자녀에게 상을 준다고 해서 지나치게 많은 일을 시켜서는 곤란하다. 상을 받기 전에 지쳐서 의욕을 잃을 수도 있기 때문이다.

예시	
"저녁 식사 전에 숙제를 끝내 놓으면	저녁을 먹고 텔레비전을 봐도 된단다."
"마당 청소를 끝내 놓으면	원피스를 사러 가도 된단다."
"엄마한테 소리를 안 지르면	저녁에 밖에 나가서 놀아도 된단다."

실제로 상은 벌을 이용한 행동 제한보다 훨씬 효과적으로 자녀의 나쁜 행동이 재발하는 것을 예방해 줄 뿐 아니라 그 효과도 훨씬 오래 간다. 또한 자녀에게 칭찬과 상을 많이 줄수록 자녀를 야단칠 일도 줄

어들게 된다. 그러니 부모가 시킨 일을 하거나 시키지도 않은 착한 일을 한 경우 칭찬을 아끼지 마라.

단, 자녀가 시킨 일을 마무리한 후에 상을 주자. 그 전에 상을 주면 상은 뇌물이 되어 교육상 좋지 않은 영향을 끼칠 수 있다. 그리고 지나치게 큰 상은 금물이다. 처음부터 너무 큰 상만 주다 보면 나중에는 감당할 수 없는 상황에 이를 수 있기 때문이다.

아울러 상은 자녀가 말을 잘 듣거나 착한 일을 한 즉시 주거나 가급적이면 빠른 시일 내에 주는 것이 가장 좋다. 어린 자녀일수록 상을 빨리 주면 효과가 더 크다. 이와 마찬가지로 잘못했을 때에도 그 벌로 다음 주에 친구와 놀 수 없다고 말하는 것은 아무런 의미가 없다. 어린 자녀들에게 다음 주는 아직 너무 먼 미래다. 벌도 오늘, 상도 오늘 주는 것이 행동 제한의 핵심이다.

한 번 한 말은 끝까지 지키자

상이나 벌을 주기로 했다면 당신은 어떤 일이 있더라도 자신이 한 말을 지키려고 해야 한다. 일관성은 교육에서 가장 중요한 부분이다. 당신이 한 번 한 말을 끝까지 지킨다는 사실을 알게 되면 자녀 역시 자신의 행동이 어떠한 결과를 불러올지 알게 된다. 그래서 매사에 최선을 다하려고 노력하게 된다.

그러므로 자신이 한 말을 지키려고 노력하는 것은 부모로서 무척 중요한 일이라 할 수 있다. 자신이 한 말을 지키지 못하는 부모 밑에서 자라난 아이는 부모에게서 아무것도 배울 수 없다. 하지만 그럼에도 불구하고 부모로 살아간다는 것은 쉬운 일이 아니다. 집안 일에 직장 업무, 자녀 교육까지 하려면 몸이 세 개라도 부족하다.

그러다 보니 우리는 가끔씩 자신이 말한 것을 그대로 지키지 못할 때가 있다. 지금 당장 혼을 내면 안될 것 같다거나 수치심을 느낄 수 있다는 등의 이유 때문이다. 그렇게 되면 부모와 자녀간의 신뢰는 무너진다. 부모로서 자신이 한 말을 지켜야 하는 이유가 거기에 있다.

그런데 이와 반대로 상으로 뭔가를 사준다고 했으나 시간이나 돈이 허락지 않는 경우도 있게 마련이다. 만일 그런 경우라면 이를 잠시 미루는 것도 나쁘지 않다. 말만 꺼내 놓고 아예 실천하지 않는 것보다는 조금 늦더라도 실천하는 것이 낫다. 그러나 그 이유는 분명히 설명해야 한다.

또한 한 말을 늦게나마 실천할 때도 마찬가지로 그 이유를 설명해야 한다. "어제 약속했던 인형이야. 어제는 차 안에서 얌전하게 있어서 너무 착했어. 인형을 사 준다고 한 약속을 미뤄 미안하다"라고 말이다. 벌이나 상을 주기로 하고 실천하지 않는 것은 행동 제한을 하지 않는 것만 못할 수도 있다.

물론 마땅한 이유만 있다면 벌 주기나 상 주기를 잠시 미룬다고 해서 일관성이 없다고 할 수는 없다. 그렇다고 해서 무조건 "나중에 집에 가서……"라는 말만 입에 달고 살아서는 안 된다.

__ 행동 제한에 성과가 없는 경우

만약 아무리 노력해도 자녀 교육에 진전이 보이지 않는다면, 우선

이 책에서 말한 행동 제한을 올바르게 이해했는지 다시 한 번 확인해 볼 필요가 있다. 행동 제한에 익숙해지기까지는 충분한 시간과 연습이 필요하기 때문이다. 그런데 아무리 노력해도 헛수고일 뿐이라는 생각이 든다면, 이는 당신이 말한 대로 벌을 주거나 상을 줄 거라는 것을 자녀가 아직 제대로 이해하지 못했을 수도 있다.

행동 제한에 익숙해지기까지는 당신과 자녀 모두 엄청나게 많은 시행착오를 겪게 마련이다. 그리고 나면 당신은 비로소 자녀를 행동하게 만들 수 있는 상과 벌을 찾아내게 된다. 그리고 이렇게 일단 행동 제한을 통해 만족스러운 성과를 얻고 나면 당신은 행동 제한을 매일 할 필요가 없게 된다.

하지만 행동 제한을 통해 아무런 성과도 거두지 못한다면, 자녀와의 유대 관계를 다시 한 번 재고해 볼 필요가 있다. 당신과 자녀의 심리적 벽을 무너뜨리고 나면, 자녀는 자연스럽게 당신의 말에 순종하게 마련이기 때문이다. 그리고 자신이 일관성을 가지고 자녀를 대하고 있는지 되돌아 보는 것도 필요하다.

__ 행동 제한을 설정하기 전에 시도해야 할 일

01 | 마음에 여유 갖기

비록 잘못된 행동일지라도 자녀의 행동을 보고 있으면 어린 자녀라서 저지르게 되는 재미난 행동이 눈에 들어올 것이다. 자녀의 이러한 모습을 떠올리며 웃음 짓는 것은 당신의 스트레스를 완화해 주고, 화를 삭이는 데 도움이 된다. 자신이 저지른 실수에 쭈뼛쭈뼛 하는 표정을 짓거나 당신이 정한 행동 제한이나 벌칙 때문에 당황하는 자녀들의 모습을 그저 바라보는 것이다. 다만 이러한 행동을 할 때 유의할 점은 자녀에게 비웃는다는 생각을 줘서는 안 된다는 것이다. 잘못을 저지르고 있는 자녀를 향해 비웃는 것은 자녀의 기분을 상하게 해 잘못된 행동을 더욱 부추길 수 있다.

자녀가 공공장소에서 낯부끄러운 행동을 한다면 무척이나 당황스런 것이 사실이다. 자녀에 대해서 부끄러움을 느낀다고 해서 당신이 나쁜 부모인 것은 아니다. 사실, 이 세상 모든 부모는 이따금씩 그런 감정을 느끼곤 하기 때문이다. 만일 사람들이 지켜보는 것이 느껴진다면, "애 아빠는 이보다 더하면 더했지. 덜하지는 않아요"라거나 "그나마 오늘은 낮잠이라도 자 줘서 얼마나 고마운지 몰라요"라고 둘러대는 것도 좋은 방법이다.

02 | 다른 장소에서 잠시 휴식하기

부모라면 누구나 결혼식이나 회갑연, 마트 등과 같이 자녀가 얌전히 굴었으면 하는 장소에서 자녀를 진정시키느라 애를 먹어 본 경험이 한두 번씩은 있을 것이다. 이럴 때는 다른 장소에서 아이와 함께 짧게 휴식을 취하는 것이 좋다. 그리고 일단은 자녀부터 진정시킨 후, 그 상황에서는 어떻게 행동해야 하는지를 알려 주고 난 다음 다시 데리고 들어가는 것이 좋다.

03 | 누가 먼저 말하나 내기 하기

갑자기 자녀를 조용히 시킬 필요가 있다면, 자녀에게 내기를 하자고 제안해 보는 것은 어떨까? 일명 '누가 먼저 말하나 내기'를 하는 것이다. 내기의 규칙은 물론, 먼저 말하는 사람이 지는 것이다. 하나, 둘, 셋을 센 다음 시작해 보자. 상을 주는 것은 물론 당신의 몫이다.

04 | 일관성 있는 태도 점검하기

당신은 자신이 자녀에게 상을 이용한 행동 제한을 제대로 실천하고 있는지, 규칙적으로 상을 주는지, 자녀에게 한 말은 반드시 지키고 있는지, 책에서 권장하고 있는 유대 관계 강화 활동을 꾸준히 실시하고 있는지 등에 대해 점검해야 한다.

05 | 자신만의 시간 갖기

자녀 때문에 많이 지쳤다면 가끔은 자녀를 안전한 곳에 맡겨 두고 조용한 장소를 택하여 사색하고 명상을 하는 등 자신만의 시간을 보낼 필요가 있다. 잠시 방에 혼자 둘 수만 있다면, 베란다 같은 장소에서 휴식을 취하는 것도 나쁘지 않다.

06 | 나쁜 행동을 하면 어떠한 조치를 취할 지 직접 말해 주기

자녀에게 나쁜 행동을 하면 어떤 조치를 취할 것인지 직접 말해 주는 것도 좋은 방법이다. 당신은 자녀에게 "엄마 · 아빠가 하지 말라고 한 일을 네가 계속 하면 너에게 어떤 제재를 해야 할지 고민 중이란다"라고 말해줌으로써 자녀로 하여금 행동 제한을 취하기 전에 나쁜 행동을 멈출 수 있는 기회를 줄 수 있다. 자녀가 당신에 대해 자신의 말을 지키는 사람이라는 확신을 갖기만 한다면, 이 방법은 아주 효과적이다.

아무리 자녀 교육이 뜻대로 되지 않는다 해도 해야 할 일이 있고 해서는 안 되는 일이 있다. 다음은 자녀 교육에 있어서 금기 사항이니 주의하기 바란다.

01 | 당신의 기분을 그대로 내보이지 않기

당신이 기분이 나쁘다고 해서 자녀로 하여금 눈치를 살피게 해서는 곤란하다. 연구 결과 부모의 눈치를 살피는 자녀는 문제 행동을 일으킬 확률이 매우 높은 것으로 드러났다. 그러니 기분이 몹시 나쁘더라도 집에서만큼은 절대로 티를 내지 말자. 노래를 하거나 흥얼거리거나 혼잣말을 하거나 실없이 보일지라도 혼자서 너털웃음을 웃어보자.

화가 나거나 울고 싶은 일이 있어도 자녀 앞에서 표를 내는 것은 금물이다. 자녀의 행동에 화를 내거나 울게 되면 자녀는 자신이 당신을 좌지우지할 수 있다고 생각할 수 있다. 따라서 자녀의 행동에 기분을 좌지우지되는 일이 절대로 있어서는 안 된다.

02 | 뇌물 주지 않기

상을 주겠다고 말하는 것은 자녀가 착한 행동을 한 후에 해도 늦지 않다는 것을 반드시 기억하자.

03 | 떼를 써도 안 되는 건 안 되는 일!

벌칙을 줄 때 자녀가 아무리 울고불고 떼를 쓰며, 한 번만 눈감아 주면 다시는 안 그러겠노라고 애원을 해도 한 번 한 말은 끝까지 지켜야 한다.

04 | 포기하지 않기

마음먹은 만큼 성과가 없더라도 꾸준히 실천한다. 언젠가는 통하기 마련이다. 그러나 자녀의 행동 변화가 지나치게 더디거나 행동 개선이 시급하다면 전문가의 도움을 받는 것도 좋은 방법이다.

03

가벼운 처벌로 나쁜 행동을 금하라

__처벌의 수위를 정하라

당신은 자녀의 잘못된 행동을 고치기 위해 처벌의 수위를 결정할 필요가 있다. 약한 벌, 중간 정도의 벌, 매우 심한 벌처럼 말이다. 처음부터 중간 정도 벌을 주거나, 매우 심한 벌을 주어도 잘못된 행동은 고쳐지겠지만, 길게 생각해 보았을 때 가벼운 벌이 가장 효과가 크다 하겠다.

01 | 집안 일 더 시키기

말을 안 들을수록 더 많은 일을 해야 한다는 것은 자녀가 말을 잘 듣게 하는 방법이 될 수 있다. 그럴 때는 평상시에 자녀가 하던 것보다 집안 일을 두세 가지 더 시킨다. 기간은 잘못한 일의 종류에 따라, 하루부터 일주일까지 융통성 있게 결정해도 좋다. 다른 형제에게 잘못된 행동을 하면, 잘못한 자녀가 다른 형제의 할 일을 대신하게 하는 것도 한 가지 방법이다.

02 | 허락해 준 일 취소하기

당신이 허락해 준 일이란 사실상 특별한 일은 아니다. 많은 자녀가 당연하게 받아들이는 텔레비전 시청, 자유 시간, 자전거 타기, 컴퓨터 사용하기, 핸드폰 사용하기, 친구들과 놀기 등이 그것이다. 처음부터 어떤 것이 적합한 벌이 될지 알 수는 없겠지만, 곰곰이 생각해 보면 자녀가 가장 좋아하는 일이 무엇이며, 그 일을 못하게 했을 때 자녀가 어떻게 반응할지 알 수 있다. 당신은 자녀가 나쁜 행동을 하면 즐거운 일을 하지 못하게 된다는 사실을 깨닫도록 벌을 내릴 필요가 있다.

03 | 물건 압수하기

자전거나, 스케이트보드, 핸드폰, 장난감, 과자, 좋아하는 옷 등 자녀가 좋아하는 것이나 자주 사용하는 물건을 압수한다.

04 | 자신의 잘못은 스스로 책임지게 하기

잘못을 저지르면 나쁜 결과가 뒤따르게 마련이다. 그럴 때는 자녀의 안전을 위협하지 않는 선에서 자녀가 감당할 일을 거들어 주지 않는 것이 좋다. 가령, 숙제를 집에 두고 간 자녀는 숙제를 가지러 다시 집에 돌아올 수밖에 없다.

05 | 부모의 실망을 표현하기

실망을 표현하라고 해서 잔소리를 늘어놓으라는 말은 아니다. 1인칭 관점으로 "엄마 · 아빠 생각에는~", "엄마 · 아빠가 느끼기에는~"
이라고 간단히 표현하면 된다. "엄마 · 아빠는 너한테 무척 실망했어.
정말로 부끄러워서 할 말이 없구나"와 같이 표현하는 것이 좋다. 이런
식의 표현은 부모와 자녀간 유대 관계가 돈독할수록 더욱 효과적이다.

__ 반성 의자에 앉히기

이 외에도 가벼운 행동 제한으로 반성 의자에 앉혀보는 것도 좋다.
이는 정해진 시간 동안 의자에 가만히 앉아 있는 벌을 주는 것으로, 2
세 부터 8세까지 아동에게 가장 효과가 있는 것으로 알려져 있다. 이것
은 실행할 수 있는 방법은 다음과 같다.

01 | 반성 의자에 앉히기

지루한 장소에 의자를 두고 자녀를 앉힌다. 벌을 주는 의미는 정해
진 시간 동안 어떤 자극도 받지 않게 하기 위함이므로, 텔레비전이나
장난감, 음악, 대화 상대가 없는 장소를 택한다. 부엌이나 복도, 불이
켜진 지하실 등도 좋다. 그리고 반성 의자에 앉는 순간부터 벌을 받는
시간을 재기 시작한다. 자녀는 반성 의자에 앉고 나서는 어떤 것도 만
져서는 안 된다. 자녀를 반성 의자에 앉힐 때는 부모가 냉정함을 잃지
않아야 한다.

02 | 벌 받는 시간이 끝날 때까지 이유 말해 주지 않기

자녀에게 이유를 말해 주지 않고 정해진 시간 동안 반성 의자에 앉

아 있는 벌을 준다. 벌을 주는 시간은 나이와 같게 한다. 그러므로 여섯 살짜리 자녀는 총 6분 동안 벌을 받게 된다. 자녀가 아무리 착하게 굴거나 못되게 굴지라도 일단 정한 시간은 반드시 지킨다.

03 | 벌 받는 동안 관심 주지 않기

만일 자녀가 벌을 받는 동안 떼를 쓰며 고함을 지르면 이렇게 벽과 이야기하라. "엄마는 지금 우리 딸과 이야기할 수 없어. 왜냐하면, 우리 딸은 지금 반성 의자에 앉아 벌을 받는 중이니까. 나는 딸이 정해진 시간 동안 가만히 앉아 있었으면 좋겠어"라고 말이다.

04 | 시간을 다 채우고 다시는 그러지 않겠다는 다짐 받기

자신의 물건을 던졌다면 모두 줍게 하고 다시 그러지 않겠다는 다짐을 받은 다음 벌을 끝낸다. 약속을 지키지 않으면 다시 벌을 준다. 형제나 친구를 때렸다면, 벌을 받은 다음 형제나 친구에게 사과하게 한다.

05 | 벌 받는 시간 끝내기

벌 받는 시간이 끝나고 "이제(장난감을 정리하거나 벌 받기 전에 한 이야기대로 할) 준비가 되었니?"라는 당신의 물음에 자녀가 "네"라고 대답하면 부모는 자녀를 의자에서 일으켜 세운 다음 칭찬해 준다. 만일 자녀가 벌을 모두 받은 뒤에도 장난감을 치우기 싫어하거나 치우겠다고 대답만 하고 치우지 않는 경우에는 다시 한 번 정해진 시간 동안 반성 의자에 앉는 벌을 준다. 두 번째로 벌을 받은 뒤에도 자녀가 말을 듣지 않는다면, 벌 받는 시간을 1분씩 늘리거나 물건을 압수하거나 아니면 특별히 허락해 준 일을 취소한다.

이때 특히 주의할 일은 반성 의자에 앉히기 위해 자녀의 뒤꽁무니를 쫓지 않도록 해야 한다는 것이다. 이는 반성 의자에 앉아 있는 벌을 주려는 부모라면 충분히 겪을 수 있는 일이다. 술래잡기하듯 뛰어다니다 보면, 자녀는 당신이 화를 낼수록 웃음을 터트릴지도 모른다. 그러니 자녀를 쫓아다니지 말고, 잠시 동안 다른 방에 들어가도록 하고 방문을 닫는다. 자녀에게는 문을 열고 나오면, 좋아하는 물건을 압수하겠다고 말한다.

반성 의자에 앉힐 장소는 빈 공간이라면 어디라도 상관없다. 하지만 공기가 통하지 않아 장시간 방치할 경우 질식 위험이 있다거나 자녀의 안전을 위협할 수 있는 장소는 피하도록 한다.

만약 자녀를 대할 때 냉정함을 유지할 수 없다면, 자신의 모습이 텔레비전에 생중계되고 있다고 상상해 보라. 그러면 침착해지면서 하고 싶은 말을 차분하게 할 수 있을 것이다. 차 안이나 드레스 룸, 가까운 화장실 또는 수유실과 같이 비교적 사람이 붐비지 않는 곳에서 혼자만의 시간을 가지는 것도 좋다.

자녀에게 정해진 시간 동안 반성 의자에 앉아 있기를 성공시키기까지는 수차례 연습이 필요할 것이다. 자녀가 세 살이 넘었는데도 반성 의자에 앉아 있기를 성공하지 못한다면, 전문가의 도움이 필요하다.

지나친 처벌은 나쁜 행동 교정에 효과가 없다

일반적으로 부모들은 이성적인 상태가 아닌, 분노한 상태에서 자녀에게 지나친 처벌을 가하는 경우가 있다. 지나친 처벌이란 신체 중 한 부위를 세게 잡거나 잡아 당기거나 밀거나 꼬집거나 흔들거나 치거나 때리는 등 자녀에게 부정적인 영향을 끼칠 수 있는 모든 행위를 포함한다. 여기에는 인신공격이나 비판, 모욕, 욕설, 고함을 지르거나 무관심으로 일관하는 행위, 식사를 거르게 하거나 자녀를 향해 물건을 던지거나 버리겠다고 협박하는 행위도 포함된다.

많은 부모가 다른 대처 방식을 찾지 못해서 자녀에게 지나친 처벌을 해 본 경험이 한두 번은 있을 것이다. 또한 지나친 처벌을 단순히 물리적인 학대만을 의미한다고 생각하는 부모도 있을 것이다. 하물며 "때리는 대로 맞고 컸지만, 이만 하면 바르게 자라지 않았나요?"라고 말하는 부모도 있다.

그러나 세상은 달라졌다. 아동 학대에 대한 사회적 관점과 법률이 바뀌어 이제는 아동 학대를 저지른 사람은 벌을 받는다. 그럼에도 불구하고 이를 저지르는 부모의 문제는 아동 학대가 아동에게 얼마나 심각한 영향을 끼치는지 모르는 데 있다.

많은 부모들은 흔히 강도 높은 처벌이 교육에 효과적이라고 생각한다. 그 까닭은 강도 높은 처벌이 나쁜 행동을 신속하게 멈추게 하기 때문이다. 하지만 이러한 처벌은 나쁜 행동을 일시적으로 멈추게 할 뿐 재발을 불러일으킨다. 지나친 처벌은 자녀에게 어떠한 교훈도 주지 않을 뿐 아니라, 미래의 나쁜 행동을 예방하는 효과도 적다.

__ 지나친 처벌이 끼치는 영향

최근 지나친 처벌이 자녀의 학습 능력에 끼치는 부정적 영향에 대한 연구 결과가 발표되었다. 지나친 처벌은 자녀의 학습 능력을 저하시킬 뿐 아니라 자녀를 탈선으로 이끌 확률도 높으며 공격성을 갖게 하거나 관계 유지 능력을 저하시켜 심리적인 문제를 불러일으키기도 한다. 그리고 이를 경험하며 자란 아이들은 낮은 자존감으로 인해 저임금 일용직을 선택할 확률이 높고, 자살에 대한 욕구가 강하며, 자신의 자녀에게도 유사한 행태를 반복하는 것으로 나타났다.

게다가 지나친 처벌을 받고 자란 자녀들은 자신에 대해 부정적인 감정을 품고 있는 것으로 나타났다. 자신이 뭔가 잘못하고 있으며, 항상 문제만 불러일으키는 존재라고 생각하는 경향을 가지는 것이다. 그래서 그들은 항상 "제가 나쁘다고 생각하죠? 그래요, 전 나빠요"라는 자기 비하 발언을 입에 달고 산다.

또한 부모의 지나친 처벌은 자녀와의 유대 관계를 완전히 깨뜨릴 뿐 아니라, 부모에 대한 복수심을 키운다. 구타나 욕설은 자녀에게 신체적·심리적으로 상처 주는 것을 넘어 자녀로 하여금 분노를 느끼게 한다. 아울러 지나친 처벌을 받으며 자란 자녀는 자신의 감정 상태에 따라 다른 사람의 신체나 감정에 상처를 입히는 일을 아무렇지 않게 생각하기 쉽다.

지나친 처벌의 또 다른 문제점은 자녀의 반응을 둔화시켜 약한 정도의 처벌이나 보상에는 아무런 감정적 반응을 보이지 않게 한다는 데 있다. 지나친 처벌을 계속해 온 부모가 자녀의 반응을 얻기 위해서 점점 더 강한 처벌을 해야만 하는 딜레마에 빠지는 것이다.

그런데 필자가 조사한 바에 따르면 지나친 처벌을 일삼는 부모들은 스트레스에 대처하는 능력이 약하고 우울증을 가지고 있으며, 약물이나 음주에 의존하는 성향이 강하고 성장기에 부모로부터 학대를 받은 경험이 있음을 알 수 있었다. 물론 이러한 경험이 없을지라도 성격이 난폭한 사람은 난폭한 처벌을 일삼을 수 있다. 화를 잘 내거나 짜증을 부리며 매사에 부정적이고 냉소적이며 협박을 일삼는 사람들이 그러한 사람들이다. 이런 사람이 부모가 되면 자녀에게 고함을 지르거나 짜증을 낼 확률이 높다.

사실 육체적인 학대만이 학대의 전부는 아니다. 정신적 학대도 학대에 포함된다. 그리고 정신적으로 학대를 받으며 자란 자녀들은 그렇지 않은 자녀들에 비해 자존감이 현저히 낮은 것으로 드러났다. "게으르고, 아무짝에 쓸모없는 바보 멍텅구리 같으니라고, 뭘 하나 제대로 하는 게 없어. 언니 좀 닮아라. 너 때문에 고함을 안 지를 수가 없어"와 같은 말이 그러한 예다. 이런 부모는 자녀를 제대로 양육하기 힘들 뿐 아니라, 대인 관계를 유지하는 데 있어서도 어려움을 겪는다.

__ 체벌은 절대 피하라

많은 부모가 자녀 교육을 위해서 가끔씩 자녀를 때리거나 혼을 내기도 한다. 나쁜 습관을 교정하는 데 효과적이라고 여기는 데다 자신도 이러한 방식으로 길러졌으므로 아무런 문제가 없다고 생각하기 때문이다. 체벌이란, 부모가 손으로 자녀의 엉덩이나 팔다리 등을 때려 고통을 가하는 것을 일컫는다. 그러나 최근에는 아동 전문가들은 손으로 자녀를 때리는 일까지도 일종의 아동 학대로 분류하고 있다.

사실 체벌은 자녀의 나쁜 행동을 일시적으로 교정하는 효과는 있을지 몰라도 미래의 행동까지 교정한다는 증거는 대지 못하고 있다. 그

뿐 아니라 전혀 예상치 못한 부작용을 일으키기도 한다. 아동 심리에 대한 연구 결과에서 부모에게 맞고 자란 자녀들은 그렇지 않은 자녀들에 비해 공격적이고 다른 문제 행동이나 우울증과 같은 정신적 질환이 발병하며 미래에 배우자를 학대하거나 반대로 배우자에게 학대당할 확률이 높은 것으로 드러났다. "잘못했다고 해서 때리는 것이 능사는 아니다"라는 말이 사실임을 알 수 있다.

물론 몇몇 연구에서는 올바른 교육을 위해 자녀를 때리는 일이 심각한 부작용을 불러오지 않는다는 결과가 보고되기도 하지만, 상황에 따라 다르게 규정될 수도 있으므로 이는 예외로 한다. 여기서 말하는 상황이라는 것은 이 책에서 서술된 바와 같이 더 효과적인 교육 방법의 일환으로 가볍거나 혹은 빈번하게 때리지 않는 경우를 일컫는다.

그리고 이러한 결과는 자녀가 어떻게 받아들이는지, 부모가 때리는 이유를 설명했는지, 어떠한 상황에서 부모에게 맞게 되었는지, 다른 교육 방법이 사용되었는지, 가족 내 규칙이 적용되었는지 또는 자녀의 연령이나 부모의 스트레스 지수 등 다양한 변수에 따라 달라진다. 따라서 부모가 자녀를 때림으로써 얼마나 효과적인 교육이 이루어졌는지, 이러한 행위가 다른 부작용을 불러오지 않았는지를 살펴보기 위해서는 위에서 언급한 모든 변수들을 검토해볼 필요가 있다.

학계의 상반되는 두 가지 주장에도 불구하고 확실한 점은 2세 이하 또는 6세 이상 연령의 아이들이 폭력으로 인한 스트레스에 가장 민감하다는 사실이다. 특히, 2세 이전에 폭력을 경험한 자녀들은 부모와의 유대 관계가 현저히 악화되어, 이후에 행동 발달 장애나 정신 장애를 가지게 될 확률이 매우 높으며 6세 이후에 폭력을 경험한 자녀들은 행동 발달 장애와 정신 장애만이 아니라 학습 장애까지도 일으킬 수 있는 것으로 드러났다. 그뿐 아니라 연령과 무관하게 폭력에 노출된 빈도가 잦은 자녀일수록 육체적·정신적 문제 빈발 정도가 더 잦은 것으로 드러났다.

이러한 부작용 때문만이 아니라 이 책에서는 다음과 같은 이유로 자녀에 대한 체벌을 권장하고 있지 않다. 만약 자녀로 인해 체벌을 하고 싶은 마음이 든다면, 머릿속에서 이것을 떠올려 보기 바란다.

01 | 지나친 체벌은 교정 효과가 없다

지나친 체벌은 나쁜 행동을 고치는 데 전혀 효과가 없다. 실제로 체벌을 받고 자란 자녀는 체벌 이후 더욱 엇나간 행동을 할 확률이 높다. 현명한 자녀 교육법이란, 자녀가 사고를 치고 나서 뒷수습을 하는 것이 아니라 혹시라도 있을지 모를 사고를 예방하는 것이다. 체벌을 통해서는 책임감이나 다른 사람에 대한 배려를 절대로 배울 수 없다.

그러나 보상을 통해서는 나쁜 행동보다 착한 행동이 좋은 것이라는 사실을 배우게 되며, 한 번 익힌 착한 행동은 습관이 되어 착한 행동을 불러오게 된다. 착한 행동을 더 많이 할수록 자녀는 나쁜 행동을 할 기회가 줄어들어 체벌을 받는 확률도 줄어들며, 체벌로 인한 부작용에 시달릴 일도 없어진다. 따라서 장기적인 관점에서 보았을 때, 자녀 교육에 있어 보상과 함께 물리적이지 않은 가벼운 처벌이 더욱 효과적인 까닭이 바로 여기에 있다 하겠다.

02 | 체벌에는 한계가 있다

체벌을 하기 시작한 부모는 자녀가 성장함에 따라 더 많은 힘과 폭력을 사용해야 한다. 자녀가 네 살이라면 엉덩이 한 대로 말을 들을 수 있다. 하지만 자녀가 열여섯 살이라면 자녀가 엉덩이 한 대 맞는다고 말을 들을까?

그래서 부모는 자녀에게 "네"라는 대답을 듣기 위해서라도 몽둥이를 들고 매질을 시작하게 된다. 사태가 이 지경에 다다르면 부모는 이제 아동 학대와 지나친 처벌 사이의 경계를 넘나들게 된다. 부모가 더 많은 폭력을 휘두를수록 부모와 자녀 사이의 유대 관계는 깨어지기 마련이며 자녀는 분노하며 엇나가기 시작할 것이다.

03 | 체벌은 폭력성을 키운다

부모가 지나친 체벌을 하면 자녀는 다른 사람이 자신을 화나게 하거나 절망하게 하면, 사랑하는 사람을 포함해서 다른 사람들에게 물리적인 폭력을 가해도 된다는 것을 배우게 된다. 흔히 어린 자녀들이 떼를 쓸 때 부모를 때리는 것은 부모의 행동을 보고 배운 것이다.

04 | 체벌은 부모와 자녀 모두에게 상처를 남긴다

체벌 후 대부분의 자녀가 분노와 슬픔 그리고 심리적 상처를 받는다고 이야기한다. 또한 부모들 역시 분노와 후회, 감정의 혼란을 호소한다. 이렇게 유쾌하지 못한 감정은 부모와 자녀간의 관계를 저해하는 요인이 된다.

04

벌로써 행동을 제한하는 법

당신은 4장에서 자녀의 행동을 규제하는 방법과 행동을 규제할 때 지켜야 할 원칙과 세세한 방법까지도 배운 바 있다. 이제는 그러한 내용을 보상과 처벌의 인과 관계에 적용해 보자. 이 방법을 익히게 되면, 당신은 말을 안 듣는 자녀를 단번에 말을 잘 듣는 자녀로 바꿔 놓을 수 있는 마법과 같은 변화를 경험하게 될 것이다. 착한 자녀라고 해서 항상 부모의 말에 순종하는 것은 아니다. 하지만 '행동 제한'을 실행에 옮기는 부모 밑에서 자란 자녀라면 이야기는 확실히 달라진다.

그러기 위해서는 먼저 자녀에게 말을 들으면 보상을, 말을 듣지 않으면 처벌을 줄 것이라고 말해 둘 필요가 있다. 그리고 자녀가 말을 듣지 않으면 인과 관계를 이용한 행동 제한을 설정한다. 당신은 이를 통해 자녀의 나쁜 행동을 빠른 시간 내에 고치고, 미래의 나쁜 행동을 예방할 수 있다.

__ 행동 제한은 빠른 효과를 불러온다

자녀에게 집안 일을 도우라고 말해도 자녀가 말을 듣지 않는 경우는 일일이 예를 들 수 없을 정도로 많을 것이다. 그럴 때는 자녀에게 다시 한번 시킨 일을 말하고, 그 일을 지금 당장 하지 않으면 어떠한 결과가 있을지 말해 준다.

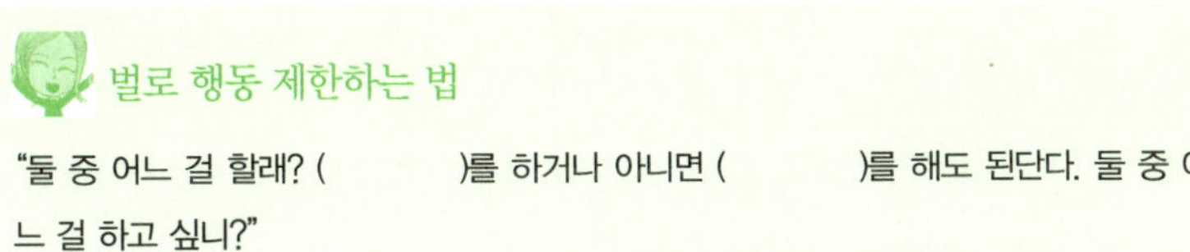

어린 자녀라면 시각적인 효과를 주는 것도 중요하다. 손가락 두 개를 펼쳐 보이며 "두 가지 중 한 가지를 선택할 수 있단다"라고 말한다. 그리고 당신의 말에 순종하는 것 같으면, 자녀가 실제로 자신의 말을 들었는지 확인하고 칭찬한다. 이제 자녀는 칭찬과 상을 받게 된다. 착한 행동을 칭찬하는 일이 잦아질수록 행동 제한을 실시할 일이 점점 더 줄어들게 됨은 두 말할 나위 없다.

그렇다면 자녀가 대답을 하지 않거나 말을 듣지 않는다면 어떻게 해야 할까? "셋까지 셀 동안 둘 중에 한 가지를 골라. 아니면 엄마·아빠가 고른다"라고 말한다. 당신이 하나부터 셋까지 천천히 숫자를 세는 동안 자녀는 선택을 하거나 당신이 선택한 일을 하게 된다. 보통 자녀는 당신이 골라 주는 일을 하고 싶어 하지 않기 때문에 스스로 하고 싶은 일을 선택할 확률이 높다. 그런데 만약 자녀 스스로 하고 싶은 일을 선택하지 않는 경우에는 자녀는 당신이 시킨 일을 하게 하면 된다.

예시		
"두 가지 일 중 한 가지를 선택하렴.	숙제를 끝내거나	내일 친구 집에 놀러 가지 못하고 하루 종일 집에 있거나"
"두 가지 일 중 한 가지를 선택하렴.	마당을 청소하거나	거실을 청소하거나"
"두 가지 일 중 한 가지를 선택하렴.	텔레비전을 끄거나	내일 하루 종일 텔레비전을 보지 않거나"
"두 가지 일 중 한 가지를 선택하렴.	소리치는 것을 멈추거나	오후에 게임기 사용을 못하거나"

가령, 당신이 자녀에게 얼른 집에 들어오라고 세 번을 이야기했다고 하자. 하지만 당신이 자녀에게 말을 듣지 않으면 어떠한 결과가 있을 것이라는 점은 말해 주지 않았다고 치자. 그리고 마침내 자녀가 집으로 들어왔다면, 무턱대고 야단을 치기보다는 다음번에도 말을 안 듣고 늦게 들어오면 어떠한 결과가 있을지 먼저 알려 주는 것이 좋다. "다음번에 엄마가 들어오라고 할 때 빨리 안 들어오면 그 다음날은 놀러 못 나가는 줄 알아"라거나 다른 행동 제한을 제시해도 좋다. 그러면 자녀는 다음부터는 엄마를 기다리게 하지 않을 것이다.

이렇게 행동 제한을 설정함으로써 부모는 같은 이야기를 여러 번 반복하지 않고, 빠른 시간 내에 자녀가 자신의 말을 따르게 할 수 있다.

__ 벌을 주기 전에 확인해야 할 다섯 가지

당신은 벌을 주기 전에 벌이 자녀의 나쁜 행동을 더욱 악화시킬 수도 있다는 것을 기억해야 한다. 그리고 만약 벌이 통하지 않은 경우,

상황이 더욱 악화될 수 있으므로 무턱대고 벌부터 주기 전에 우선 다음의 다섯 가지 사항을 확인할 필요가 있다. 어쩌면 "애를 키워 보고 하는 말이냐, 화가 나는데 그런 것을 확인하고 있을 시간이 어디 있냐?"라고 여길 수도 있다. 그러나 몇 번만 연습한다면 누구나 손쉽게 그것을 떠올릴 수 있다. 그리고 그것을 확인하고 벌을 주면 어떠한 부작용도 없을 것이다.

01 | 자녀가 무엇을 하려 했는지 확인하였는가?

"지금 엄마·아빠가 뭐라고 말했지?"라고 되물어 자녀가 자신의 말을 들었는지 확인하라. 사실 말을 제대로 듣지 못해 당신이 시킨 일을 이행하지 못한 것은 벌 받을 일이 아니다. "엄마·아빠 말을 똑바로 들었어야지"라고 말하면 충분하다. 당신의 말을 제대로 알아듣지 못해서 실수를 저지르고 벌을 받을 경우, 자녀는 화를 내거나 당신에 대해 신뢰를 하지 않게 된다. 그리고 더 나쁜 행동을 하게 된다.

02 | 말을 듣지 않으면 어떤 상황이 벌어지는지 알고 있었는가?

이 말은 곧, 부모가 행동 제한을 올바르게 설정했는지에 대한 질문이다. 벌을 받고 난 자녀는 대부분 부모가 나쁘거나 치사하다고 말하곤 한다. 그러나 행동 제한을 제대로 설정하면, 자녀는 당신의 말을 따르지 않았을 때 어떠한 상황이 벌어질 것인지 깨닫게 된다. 따라서 자녀가 잘못된 행동을 하기 전에, "뭘 해야 하는지 알고 있지? 그리고 엄마·아빠 말 안 들으면 어떻게 되는지도 알고 있지? 말을 안 들으면 결과는 네가 책임지는 거야"라고 말해줌으로써 자신의 행동에 책임을 지게 할 필요가 있다. 당신은 이러한 대화를 통해 나쁜 행동을 하면 어떤 결과가 오는지 알게 할 필요가 있다.

03 | 자녀가 시킨 일을 할 능력이 있는가?

다른 조건들은 다 잊더라도 이것만은 절대로 잊어서는 안 된다. 부모들이 간과하고 있는 자녀 교육의 가장 중요한 핵심 사항 중 한 가지가 바로 자녀의 능력에 맞게 일을 시켜야 한다는 것이다. 여기서 자녀의 능력이란 연령대별 발달 정도에 따라 부모가 시키는 일을 할 수 있는 능력을 말한다.

그렇다면 부모는 자녀가 그 일을 할 수 있을지 없을지를 어떻게 판단할 수 있을까? 오랜 세월 자녀를 두고 본 결과 자녀가 그 일을 수차례 해낸 적이 있다면, 그 일을 해낼 수 있는 능력이 있는 것으로 판단할 수 있다.

아울러 어떤 일을 시키기 전에 자녀가 그 일을 할 수 있도록 환경을 만들어 주어야 한다는 것도 명심하자. 가족 행사나 여행을 끝낸 후 자녀들이 지쳐 있거나 스트레스를 받았을 경우에는 평상시에 곧잘 하던 일도 못하는 것은 당연하다. 대개 학교나 유치원에서 입학식 날 수업을 하지 않는 것은 이와 같은 이유이다.

또한 부모는 자녀의 능력 밖인 일에 대해 행동 제한이나 처벌을 해서는 절대 안 된다. 그 대신 시킨 일을 어떻게 하는지 가르쳐 주는 시간을 갖는 것이 좋다. 한번은 자신의 자녀가 첫돌도 되기도 전에 혼자 용변 보는 법을 모두 배웠다고 주장하는 엄마를 만난 적이 있었다. 한 번 실수를 하면 야단을 맞고, 두 번 실수를 하면 매를 드는 식으로 가르친 것이었다. 그 엄마가 어떻게 생각하든 한 살짜리 아이는 혼자 용변을 볼 수 있는 능력이 없다. 그 엄마는 자녀에게 상처를 준 것일 뿐만 아니라 자녀들과 불화를 가져올 수도 있는 엄청난 잘못을 저지르고 있다는 것을 전혀 모르고 있었다.

그렇다면 부모가 시킨 일을 할 수 있는 능력이 있는지 없는지 확신할 수 없을 때는 어떻게 해야 할까? 우선 자녀의 반응을 보고 자녀가 부모에게 반항하고 있는 것인지, 아니면 할 수 있는 능력이 없는 것인지 판단해야 한다. 자녀들은 대부분 부모가 시킨 일의 70% 정도밖에 수행하지 못한다. 어쩌면 자녀 스스로도 자신이 왜 그렇게밖에 못하는지 모를 수도 있다. 다 할 수 없는 이유를 어떻게 표현해야 할지 잘 모르는 경우도 있다. 이런 경우에는 대화를 통해 자녀에게 무슨 일이 벌어지고 있는지 알아볼 필요가 있다. 그리고 이를 통해 서로 이해를 하고 나면, 자녀는 당신의 말에 더욱 순종하게 될 것이다.

만에 하나, 자녀가 당신에게 반항하고 있는 것이라면, 벌을 주기 전에 다른 네 가지 전제 조건을 확인해야 한다. 이때 주의할 점은 최근 자녀와의 유대 관계에 대해 다시 한 번 생각해 보고, 유대 관계가 약해졌다면 우선 이것을 회복하는 데 신경을 쓰도록 한다. 만일 자녀가 지나치게 반항적인 자세를 보인다면, 이는 어쩌면 행동 제한과 더불어, 부모에게 더 많은 관심과 애정이 필요하다는 증거일지도 모른다.

04 | 평상심을 유지하고 있는가?

자녀 교육에 실패했다고 생각하면 대부분의 부모는 좌절감, 죄책감, 공포, 후회 등의 부정적인 감정에 시달리게 된다. 그러나 자녀 교육에서 가장 큰 적은 바로 '화' 라는 감정이다. 부모의 화난 목소리를 듣는 자녀는 우리가 실제로 느끼는 것보다 몇 배 이상의 공포를 느끼게 된다. 그리고 이러한 공포 때문에 부모의 말을 제대로 이해하지 못하게 된다.

몇 년 전 필자는 자녀 학대죄로 고소된 부모들을 상담한 적이 있었다. 이들 중 의도적으로 자녀를 학대한 부모는 없었다. 하지만 자녀들은 실제로 학대를 당했다. 이유는 간단했다. 화가 나서 자녀들에게 물리적인 벌을 가해야겠다고 결심한 것이었다. '화'라는 감정 때문에 이성이 마비된 것이었다. 그들은 순간적으로 이성을 잃은 대가로 결국 자녀의 존경과 사랑을 잃었다.

부모도 사람인 만큼 당연히 화가 날 수 있다. 그러나 이성을 잃지 않는 최선의 방법이 있다. 그것은 바로 평상시에 자녀에게 지나치게 많은 일을 시키지 않는 것이다. 대개 부모는 자녀에게 무언가를 시키고 자녀는 그 말을 따르게 마련이다. 하지만 자녀에게 무언가를 시키고 자녀의 반응을 기다리는 일이 잦아질수록 부모의 짜증은 심해질 수밖에 없다. 다음의 예를 한번 살펴보자.

부모 | "지영아, 학교 갈 시간이야. 텔레비전 끄고, 옷 갈아입었니?"

(몇 분 뒤, 계속 들리는 텔레비전 소리)

부모 | "지영아, 엄마가 이야기했지? 텔레비전은 끄고, 늦겠다."

지영 | "알았어요."

(계속 들리는 텔레비전 소리)

부모 | "지영아, 좀!"

지영 | "알았다니까요."

화가 난 부모 | "텔레비전 당장 끄지 못해!"

이런 상황을 피하려면 어떻게 해야 할까? 다음과 같이 말하면 된다.

"지영아, 학교 갈 시간이다. 지금 당장 텔레비전 끄고 옷 입고 나오너라. 그렇지 않으면 집에 와서 텔레비전 못볼 줄 알아."

그렇다. 이렇게 행동 제한을 걸면 되는 것이다. 그러면 지영이는 예전보다 훨씬 빨리 부모 말에 순종하게 될 것이고, 부모는 한결 덜 피곤할 것이다.

05 | 자녀가 저지른 잘못에 합당한 벌을 주었는가?

부모들이 가장 많이 고민하는 것 중 한 가지가 '과연 자녀가 잘못했을 때 어느 정도 벌을 내리는 것이 적당한가?'다. 그에 대한 정답은 '가능한 가볍게'이다. 당신은 어느 정도의 벌이 통하는지 확인하기 위해서라도 처음에는 되도록 가벼운 벌을 내리는 것이 좋다. 맨 처음 벌을 내리게 되었다면 가령, 물건이나 허락한 일 한 가지를 하루 동안 취소하거나, 하루 동안 해야 할 일을 한 가지 더 추가한다. 지나친 처벌은 내리지 않는 것을 원칙으로 하며, 가벼운 벌도 지나치게 오래 지속하지는 않기로 한다. 가령, 외출 금지보다는 집안 일을 더 많이 시키는 편이 낫다. 외출 금지도 3일을 넘기지 않도록 한다.

그리고 자녀로부터 한꺼번에 많은 물건을 압수하거나 허락한 일을 너무 많이 취소하거나 너무 많은 심부름을 시키지 않는 것이 좋다. 한 번 잘못을 저질렀을 때 하나씩이면 충분하다. 만일 자녀가 가지고 있는 물건을 한 번에 모두 압수해 버리면, 다음 번 잘못을 저질렀을 때는 어떻게 할 것인가? 따라서 "엄마·아빠 말 안 들으면, 네가 가진 장난감과 자전거, 새 옷을 모두 압수하고 앞으로 친구들과도 못 놀게 할 거야"와 같은 말은 절대로 해서는 안 된다. 맨 처음에 한 가지 물건을 압수하거나 한 가지 일을 금지하게 되면, 당신에게는 아직도 기회가 많은 것이다.

또한 자녀에게 어떠한 벌을 내리는 것이 가장 적합할 지를 결정하기 위해서는 자녀가 저지른 행동의 심각성을 고려할 필요가 있다. '같은 잘못을 반복해서 저지르고 있는가?', '다른 사람을 다치게 하였는가?'와 같은 것 말이다. 그리고 그럴 때는 문제를 일으키게 한 물건이나 일을 금지하는 것이 가장 좋다. 만약 야단을 맞고도 잘못을 계속 저지른다면, 몇 가지 사소한 잘못은 넘어가고 크게 잘못한 일만 나무라는 것이 좋다. 그리고 자녀를 나무라야겠다는 결심이 섰을 때는 그간 잘못한 일을 모두 고려하여, 어떤 벌을 내릴지 결정하는 것이 좋다.

__ 행동 제한은 어떻게 하는 것이 가장 좋을까?

앞에서 우리는 인과 관계를 이용한 행동 제한과 벌을 주기 전에 확인해야 할 다섯 가지 사항에 대해 알아보았다. 그러면 이제부터 벌을 이용해 자녀의 행동을 교정하는 법에 대해 살펴보자.

부모는 일상생활에서 자녀에게 많은 것을 시키지만 자녀가 부모의 말을 듣지 않는 일은 비일비재하다. 집안 일을 하거나 동생 숙제를 도와주거나 시간 맞춰 학교에 가거나 하는 일까지 말이다. 또한, 부모는 일상생활에서 자녀에게 많은 것을 금지하기도 한다. 하지만 이것 역시 잘 따르지 않는다. 욕을 하거나 집에 늦게 들어오거나 동생을 때리거나 엄마 지갑에서 돈을 빼가거나 하는 일까지 말이다. 그럴 때 당신은 어떠한 결정을 내려야 할까.

01 | 부모가 시킨 일을 안 한 경우

말을 들을 때까지 자녀가 좋아하는 물건을 압수하거나 좋아하는 것을 금지한다. 이 방법은 당신이 시킨 일을 안 하는 자녀에게 사용할 수 있는 대표적인 방법이다. 우선 맨 처음으로 할 일은 행동 제한을 하는 것이다. 만약 당신이 집에 도착했을 때까지도 자녀가 할 일을 끝마치지 않았다면 차분한 목소리로 이렇게 이야기한다. "엄마·아빠가 시킨 일을 하지 않았으니까, 핸드폰을 가져가도 된다는 뜻이로구나. 핸드폰 이리 다오. 네가 할 일을 마칠 때까지 일주일 동안 엄마가 보관할 테니"라고 말이다. 그리고 할 일을 다 마칠 때까지 자녀의 핸드폰을 보관한다.

이렇게 했는데도 시킨 일을 하기 싫어하거나 시작은 했지만 끝내지 않는다면 어떻게 해야 할까? "핸드폰을 압수했는데도, 아직도 할 일을 하고 있지 않구나. 저녁 때까지 시킨 일을 끝내 놓지 않으면 텔레비전도 못 볼 줄 알아. 핸드폰도 필요 없고 텔레비전도 보기 싫구나?"와 같이 행동 제한을 추가한다. 그래도 정해진 시간까지 할 일을 끝내지 않는다면, 부모는 금지 항목을 더 추가할 수 있다. "할 일을 끝내지 않으면 핸드폰과 텔레비전(컴퓨터, 장난감)에 이어서 이제는 친구들이랑 노는 것까지 금지야"와 같이 말이다.

하지만 세 가지 이상의 행동 제약을 주게 되면 금지하는 것도 힘들 뿐 아니라, 기억하기도 어려워진다. 따라서 자신이 자녀에게 무엇을 금지했는지 잊지 않도록 메모해 둘 필요가 있다. 그리고 만약 핸드폰을 압수당한 것이나 친구와 시간을 보낼 수 없는 것 또는 컴퓨터를 쓰지 못하게 된 것에 대해 자녀가 불평을 늘어놓는다면, "그러게, 누가 그런 결과를 택하랬니. 그러면 엄마·아빠가 시킨 일을 마저 할래?"

라고 말하면 된다. 물건을 압수당하거나 친구와의 놀이를 금지당하는 것보다 엄마 · 아빠가 시킨 일을 하는 편이 낫다는 것을 깨닫기까지는 며칠이 걸릴수도 있다. 하지만 아무리 늦어도 일주일이면 자진해서 시킨 일을 하겠다고 할 것이다. 그러니 여유를 갖고 기다려 보라.

그 후에 자녀의 문제점을 지적하고 자녀가 변화를 보인다면, 행동 제약을 한 번에 하나씩 풀어 준다. "이번 주에 집안 일을 매일 돕는다면 핸드폰을 다시 돌려주마. 하지만 컴퓨터를 사용하기 위해서는 다른 일도 도와야 한다"라고 말이다. 하지만 만약 일주일이 지나도록 부모가 제시한 조건을 듣지 않는다면, 자녀에게 뭔가 문제가 있을지도 모르니, 그때는 전문가와 상담한다. 시간을 지체하다가는 부모와 자녀 사이가 소원해지거나 심각한 사태가 벌어질 수도 있기 때문이다.

02 | 부모가 하지 말라고 한 일을 한 경우

특정 기간 동안 자녀가 좋아하는 물건을 압수하거나 좋아하는 일을 금지시킨다. 이는 자녀가 반복적으로 저지르는 잘못을 멈추게 하고 싶거나 이미 저지른 잘못을 다시 하지 않도록 하고자 할 때 사용할 수 있는 방법이다. 또한 가정에서 지켜야 할 규칙을 지키지 않거나 다른 금지 사항을 어겼을 경우에도 이 방법을 활용할 수 있다.

가령, 아들이 여동생을 괴롭히는 것 때문에 머리가 아프다고 가정해 보자. 하지 말라고 했는데도 아들은 계속해서 여동생의 머리카락을 잡아당기고 꼬집고 때려서 끝내 울리고 만다. 이러한 경우, 당신은 아들에게 행동 제한을 설정할 필요가 있다. 하지만 머리카락을 잡아당기고 꼬집고 때려서 끝내 울린 행위를 각각 다른 세 가지 행동으로 간주할 필요는 없다. 당신이 멈추려고 하는 것은 여동생을 괴롭히는 아들의 행위이다. 따라서 이럴 때 부모는 세 가지 행동에 하나의 제한을 설정해야 한다.

행동 제한을 설정할 때는 아들이 여동생을 괴롭히는 것을 멈추지 않으면 무엇을 얼마동안 잃게 될 것인지 최대한 자세히 설명해야 한다. "동생을 괴롭히고 있구나. 동생을 다시 괴롭히면 엄마·아빠가 자전거를 하루 동안 압수할 거야"와 같이 말이다. 물론, 여동생을 때려 끝내 울리는 단계가 아닌, 머리카락을 잡아당기는 단계에서 행동 제한을 설정한다면 이보다 더 좋은 경우는 없을 것이다.

그러면 이제 아들이 여동생을 다시 괴롭히고 때려서 울리는 장면을 상상해 보자. 당신은 다시 하루 동안 자전거를 압수한다. 자전거를 돌려주며 당신은 다음번에 한 번 더 여동생을 괴롭히면 그때는 이틀 동안 자전거를 압수할 것이라고 말한다. 이로써 당신은 사전에 두 번째로 잘못을 했을 때에 대한 행동 제한을 설정한 셈이다.

__자녀가 벌칙을 거부할 때

그렇다면 잘못을 저지르면 물건을 압수하거나 행동 제한을 하겠다고 했는데 자녀가 이를 거부하는 경우에는 어떻게 해야 할까? 가령, 잘못을 저지른 자녀에게 친구들과의 주말 외출을 금지했다고 하자. 그런데 친구들과 몰래 외출해 버렸다. 혹은 자녀가 잘못을 해서 장난감이나 핸드폰을 압수한다고 했는데 주는 것을 거부한다. 또는 잘못을 저질러서 컴퓨터 사용을 금지한다고 했는데 당신이 직장에 간 사이 컴퓨터를 사용하고 있다.

만일 이러한 상황을 겪는다면 당신은 자녀에게 우선 침착하게 더 오랜 시간 동안 물건을 압수당하거나 행동 제한을 받게 될 것이라고 말해야 한다. 자녀가 당신에게 자신의 소유물을 건네지 않는다면 침착하게 "엄마·아빠한테 1분 안에 물건을 건네지 않으면 이틀 동안 압수할 거야"라고 말한 다음 시간을 잰다. 이렇게 말했는데도 자녀가 따르지 않을 경우, 당신은 자신이 할 수 있는 범위 내에서 자녀로부터 물건을 뺏거나 아니면 물건을 사용할 수 없게 조치를 취한다. 금지 대상이 컴퓨터라면 전원 코드를 빼고, 핸드폰이라면 통신 업체에 전화하여 사용 중지를 요청하며, 친구와의 놀이라면 친구의 부모에게 전화를 하여 자신의 자녀와 놀지 않게 해달라고 요청하는 식이다.

그 대상은 물품이나 허락해 준 일 등 어떠한 것이라도 상관 없다. 가령, "1분 안에 아이팟을 건네지 않으면, 이번 주 용돈은 없는 줄 알아"라고 말했더니 아이팟을 순순히 건넸다면 용돈을 주면 된다. 만일 이렇게 말했는데도 자녀가 아이팟을 건네지 않는다면 부모는 용돈이나 기타 허락해 준 일을 취소하면 된다. 여기서 반드시 기억할 점은 자녀에게 절대로 협상의 여지를 주어서는 안 된다는 것이다. 자녀는 당신이 달라고 한 물건을 반드시 건네야만 한다. 그렇지 않으면 당신이 말한 다른 대상을 빼앗거나 허락해 준 일을 취소해야 한다.

돌아서면 잊어버리는 자녀

최근에 벌을 받았는데도 아무것도 뉘우치지 않는 자녀가 있다고 가정해 보자. 자녀는 얼마 전에 벌을 받았는데도 오늘 또 벌을 받는다.

이때 당신은 냉정하게 "저번에 말 안 들어서 혼났던 것 기억하지? 오늘도 같은 일을 저질렀구나. 셋 셀 동안 어서 바로 해 놓으렴"과 같이 말을 해야 한다.

그리고 이렇게 말했는데도 자녀가 말을 듣지 않는다면 새로운 벌칙을 준비하거나 여러 가지 벌칙을 한꺼번에 묶어서 내려야 한다. 벌칙의 대상은 당연히 자녀가 소중히 여기며 자주 사용하는 것이어야 한다. 아울러 어떤 벌칙이 자녀로 하여금 말을 듣게 하는데 가장 효과적인지를 알아내는 연습도 필요하다. 만일 이 방식을 제대로 실천만 한다면 자녀가 말을 듣기까지는 일주일이 채 걸리지 않을 것이다. 그런데 이런 방식으로 몇 주간 반복해도 말을 듣지 않는다면, 아동 심리 전문가와 상담하는 것이 시급하다.

05

신의와 책임감 길러주는 법

상과 벌을 이용한 행동 제한을 함으로써 당신은 자녀에게 자신이 한 행동에 대해 스스로 책임지는 법을 가르칠 수 있다. 그렇게 되면 자녀들은 다른 사람을 원망하지 않고 스스로의 행동이 불러온 결과를 있는 그대로 받아들이는 법을 배우게 된다. 가령, 자녀가 크레파스로 벽에 낙서를 했다면 당신은 자녀에게 그 낙서를 지우게 해야 한다. 이처럼 자녀가 낙서를 할 때마다 당신이 똑같은 식으로 반응한다면, 자녀는 당신의 반응을 예상하고 벽에 낙서를 하는 습관을 버릴 것이다.

그렇게 해서 자녀는 그 책임이 스스로에게 있음을 배우게 된다. 이와 마찬가지로 선행으로 상을 받게 되면, 신의와 책임감에 대해 배우게 됨은 두말할 나위가 없다. 그런데 십대 자녀에게 책임감과 신의를 길러 주기 위해서는 어린 자녀들과는 다른 방식으로 접근할 필요가 있다. 그들에게는 책임감에 대한 연습을 시키는 것과 같은 접근이 필요하다. 책임감 연습이란 자녀가 당신에게 자신들이 믿을 수 있는 존재임을 증명하는 것을 의미한다.

가령, 자녀에게 이렇게 말해 보는 건 어떨까? "엄마·아빠는 너를 믿고 싶어. 만일 네가 책임감 있는 모습을 보여 준다면, 완전히 마음을 놓을 텐데. 네가 더 책임감 있는 모습을 보일수록, 네게 허락해 줄 수 있는 일도 더욱 많아질 거야"라고 말이다. 당신은 이런 이야기를 해 줌으로써 자녀로 하여금 책임감과 신뢰의 연관성을 깨닫게 할 수 있다.

가령, 자녀에게 10시까지 집에 들어오라고 했는데 정해진 시간보다 늦게 들어왔다면, "너를 믿었는데, 책임감이라고는 보이지가 않는구나. 너를 다시 믿을 수 있을 때까지 당분간 밤 외출은 삼가는 것이 좋겠구나"라고 말해 준다. 책임감 있고 성실한 자녀라면 좀처럼 그럴 일도 없겠지만, 어쨌거나 귀가 시간이 늦어지면 집에 전화라도 할 것이다. 그리고 만약 자녀가 귀가 시간이 늦어진다고 집에 전화를 했다면, 나무라지 않는 것이 좋다.

그렇다면 이와는 반대로 행동이 정말로 엉망이어서 당신이 생각하기에 믿을 구석이라고는 단 한 군데도 찾아볼 수 없는 자녀라면 어떻게 해야 할까? 이러한 자녀를 둔 부모들은 오히려 자녀에게 신뢰를 회복할 수 있는 기회조차 주지 않는 경우가 많다. 그렇게 되면 자녀는 부모의 신뢰를 회복할 수 있는 기회를 영영 가질 수가 없게 된다.

그러니 자녀가 아무리 나쁜 짓을 하더라도 부모의 역할은 책임감과 신의를 가르치는 것임을 잊지 말자. 사소한 일에서부터 중요한 일로, 단계별 책임감 연습과 성공적인 자녀 교육을 위한 일곱 가지 비법을 함께 병행하다 보면 언젠가 자녀를 믿게 될 날이 올 것이다.

__ 일관성 있는 부모로 살아가라

일관성 있는 부모 밑에서 자란 자녀는 자기 통제력도 뛰어나다. 부모의 일관성 있는 태도가 자녀들에게 해서는 안 될 일과 해야 할 일을 가르치기 때문이다. 아무리 어린 자녀라 할지라도 일관성을 가지고 가르치기만 한다면, 잘못된 일과 잘된 일 정도는 구분할 수 있다. 세 살짜리 자녀에게 벽에 그림을 그리면 안 되고 스케치북에 그리라고 꾸준히 가르친다면, 자라서도 건물이나 공공장소에 낙서를 하는 일은 없을 것이다. 그렇다면 일관성을 가지기 위해서 당신은 어떻게 해야 하는 것일까? 부모로서 일관성 있게 보이기 위한 방법에는 다음과 같은 것이 있다.

01 | 생각하고 계획하기

당신은 자녀의 일에 관여할 부분과 관여하지 않을 부분을 정하고, 어떠한 제한을 설정할 수 있는지 미리 계획해야 한다. 자녀의 연령대별 일처리 능력에 대해서 기억하는가? 잘 기억이 나지 않는다면 4장의 〈사랑의 규제표〉를 다시 참고하기 바란다. 만일 자녀가 부모의 행동 제한을 거스르는 행동을 한 경우에는 이러한 행동을 고치기 위한 행동 제한이나 가족 내 규칙을 설정하는 것이 좋다. 자녀의 잘못된 행동을 고치려는 일관된 노력만 있다면, 자녀의 행동은 금세 개선될 수 있을 것이다.

02 | 부모가 지키지 못할 벌칙은 정하지 않기

지키지 못할 벌칙을 정하는 것은 정하지 않는 것만 못하다. 성적이 지금보다 더 떨어지면 일 년 동안 외출할 생각도 말라거나 하는 식이 그것이다. 당신은 자녀에게 허언을 하는 사람이 되어서는 안 된다. 그런데 이러한 종류의 협박을 지킬 수 있는 사람이 과연 얼마나 될까? 우리는 사실 벌칙이 제대로 지켜지지 않는 경우 어떠한 결과가 있을지 이미 그 답을 알고 있다.

03 | 행동 연습

당신은 자녀에게 착한 행동을 연습할 기회를 주어야 한다. 행동에는 연습이 필요하다. 만일 오늘 자녀가 잘못된 행동을 했다면, 나중에 기회를 봐서 그러한 행동을 바꿀 수 있도록 연습을 시켜야 한다. 당신은 이러한 연습을 통해 자녀의 행동을 일관성 있게 교육할 수 있게 된다. 그리고 그렇게 되면 자녀의 행동에 수시로 간섭할 필요가 없기 때문에 부모와 자녀 모두 스트레스 받는 일도 줄어든다.

하지만 의외로 그 방법은 간단하다. 자녀가 반응을 보여야 할 때 아무런 반응을 보이지 않는다면, 부모가 먼저 행동으로 보여 주면 된다. 가령, 예전에 자녀의 행동 때문에 곤란했던 경험이 있었다면, 다음번에 이와 유사한 경우가 발생할 경우를 대비해 미리 연습시켜 두는 것이다.

그러나 행동 연습은 스트레스를 주지 않는 상황에서 재미있게 실시하는 것이 가장 중요하다. 가끔 부모가 재미난 행동으로 익살을 부리면, 자녀는 스트레스를 받지 않고도 올바른 행동을 배울 수 있다. 밥상 예절이나 대화 예절, 학교나 교회, 절 등에서 올바르게 행동하는 법 등이 연습을 통해 익힐 수 있는 대표적인 것들이다.

자녀가 예전에 효과를 보였던 것과 같은 반응을 보고 싶다면, 예전에 그러한 반응을 보이게 했던 벌칙을 활용하는 것이 가장 좋다. 하지만 상황이란 조금씩 달라지게 마련이다. 따라서 연습을 통해 자녀에게 가장 효과적인 벌칙이 무엇인지 알아 둘 필요가 있다. 그리고 자녀가 반응을 보였던 것으로 기억되는 시점에서 이를 활용하라. 이때 주의할 점은 항상 같은 행동 제한이나 벌칙만을 고수한다면, 자녀의 관심과 집중력은 저하될 수도 있다는 것이다.

__ 때로는 융통성도 필요하다

일관성 있는 교육이란 자녀가 A를 한다고 해서 당신이 항상 B라고 반응해야 한다는 뜻이 아니다. 자녀가 고함을 지르고 말썽을 부린다고 해서 항상 행동 제한을 설정하거나, 반성 의자에 앉혀 놓아야 하는 것도 아니다. 이때 당신의 역할은 자녀에게 경고를 하는 것일 뿐이다. 일관성이란 항상 똑같은 방식으로 반응하는 것이 아니라, 자녀가 당신의 반응을 예측 가능하도록 하는 것을 의미한다.

따라서 당신은 소리를 지르는 자녀에게 굳이 행동 제한을 걸지 않더라도 그런 행동은 나쁜 행동이라는 것을 말해 주는 것만으로도 일관성을 지킬 수 있다. 일관성 없는 교육이란 하루는 제멋대로 두다가 다음 날은 벌을 주는 식과 같이 애매모호한 기준으로 자녀를 대하는 것을 의미한다.

그렇다고 해서 하루는 자녀가 숙제를 기억하고 있다면 "이제 다 컸구나!'라고 칭찬해 주고, 하루는 박수를 쳐 준다고 해서 일관성 없는 교육이 되는 것은 아니다. 이것은 오히려 일관성 있으면서도 융통성 있게 자녀를 칭찬하고 있는 것이다.

또한 일관성에도 예외가 있게 마련이다. 가령, 자녀가 잘못을 저질러 이틀 동안 자전거 타기를 금지당했지만, 손자와 함께 자전거 타기를 좋아하시는 할머니가 방문할 예정이라고 하자. 그럴 때는 자녀에게 집안 일 돕는 것을 시키면서 할머니가 방문하실 때만큼은 예외적으로 자전거를 타도 좋다고 설명한다. 여기서 자전거 타기를 허용해 주는 것은 할머니를 위해서이지, 자녀를 위해서가 아니다.

그리고 당신이 자녀에게 내린 행동 제한이나 벌칙이 잘못되었다고 생각한다면, 언제든 이를 바꿔야 한다. 사람은 누구나 실수를 저지르기 때문이다. 그럴 때는 "엄마 · 아빠가 좀 더 생각을 해 본 결과, 이번 벌에 대해서 더 나은 결정을 내리게 되었단다"와 같이 실수가 있었다면 이를 인정하고, 자녀에게 앞으로 내린 결정을 번복하는 일은 흔치 않을 것이라고 양해를 구한다.

만약 당신에게 변덕스러운 면이 있다고 생각한다면, 자녀에게 행동 제한이나 벌칙을 내리기 전에 조금 더 세심히 고민한 후에 결정하는 것이 좋다. 그리고 죄책감 때문에 교육을 망치지는 말자. 당신이 내린 벌칙 때문에 자녀가 친구 생일에 가지 못하게 되었다면, 당신은 자녀에게 미안한 마음을 가지게 될 것이다. 그렇다고 해서 당신이 잘못된 결정을 내린 것은 아니다. 미안한 마음은 다음 기회에 보상하면 된다. 당신이 내린 벌칙으로 인한 결과에 대해서는 침묵을 지키는 편이 좋다. 당신이 내린 결정은 사랑하는 자녀의 장래를 위한 것이었기 때문이다.

__ 부모간 의견 차이를 조율하라

자녀를 돌보는 부모는 한 명이 아니다. 그러다 보니 자녀를 돌보는 문제는 이쪽에서 시작되었다가, 저쪽에서 마무리되는 경우도 있다. 엄마·아빠가 다행히도 일치된 의견을 가지고 있다면 더할 나위 없이 좋은 일이지만, 간혹 부모들 가운데는 자녀에 대한 교육관의 차이로 인해 자신의 배우자와 마찰을 빚는 이들도 있다. 그럴 때는 다음과 같은 원칙을 따르기를 권한다.

01 | 한쪽은 된다고 하는데, 한쪽은 안 된다고 하는 경우

자녀들은 네 살이 되면 한쪽에서는 안 된다고 했던 일을 다른 쪽에서 허락받는 법을 터득하게 된다. 부모 중에 어느 한쪽이 유독 허락을 잘해 주는 사람이 있다는 사실을 눈치 채게 되면, 자녀는 당연히 한 쪽에서는 안 된다고 이야기한 일을 가지고도, 곧잘 허락을 잘 해주는 '부드러운' 부모를 찾게 마련이다.

만일 자녀가 자주 이런 행동을 보인다면 자녀에게 다른 배우자인 엄마나 아빠가 뭐라고 대답했는지 물어볼 필요가 있다. 그런 다음 배우자에게 다시 한 번 자녀의 말이 정말인지 확인한다. 부모 중 한 명이 어떻게 대답했는지 솔직하게 대답하지 않으면 자녀가 조르는 것을 거절한다.

02 | 대화만이 답이다

배우자 간에 정확하게 일치하는 교육관을 가진 부모는 드물다. 또한 자녀를 돌봐주는 일가친척이나 보육 교사나 유치원 교사 등과도 같은 이유로 갈등을 겪을 수 있다. 따라서 자녀가 어떤 행동을 한다면 왜 그런 행동을 하며, 자녀의 행동이 어떠해야 하는지, 자녀에게 어떻게 대응해야 하는지에 대해 자녀를 돌보는 데 도움을 주는 사람들과 상의할 필요성이 있다. 만약 대화 중에 흥분하거나 화를 내는 사람이 있다면, 일단 진정을 시키고 합의점을 찾을 때까지 이야기를 나눈다.

03 | 자녀에게는 비밀로 하기

자신을 돌봐 주는 사람들 사이에 불화가 있는 것을 알 경우, 자녀가 비행을 저지를 확률이 높아진다는 연구 결과가 있다. 어른들끼리 할 이야기는 자녀의 안전과 건강을 위협하지 않는 시간 동안, 조용하고 은밀히 진행한다. 부부간의 교육관이 다르다면, 부모들 사이의 관계에 문제가 있는 것일지도 모르니, 전문가를 찾아가 보는 것도 좋다. 만일 부모 중 어느 한 명이 자녀에게 일관성 있는 태도로 교육하기를 끝까지 거부한다면, 나머지 한 명이라도 철두철미하게 일관성 있는 교육관을 유지하는 수밖에 없다.

자, 이제 가장 핵심적이고 중요한 몇 가지 기술만 남았다. 이번에는 부모가 자기 행동에 일관성이 있는지 테스트해 볼 수 있는 간단한 설문을 준비했다. 각 문항에 꼼꼼히 답해 주기 바란다. 표에 적힌 각각의 문장을 보고 어느 정도로 부합한다고 생각하는지, '거의 아니다', '가끔 그렇다', '항상 그렇다' 중에서 답해 주기 바란다. 연필을 준비하여 각 문항의 점수에 동그라미를 치면서 머릿속 계획이 아닌, 현재의 상황에 근거하여 답해 주기 바란다. 자녀 중 첫째부터 설문을 시작하여 점수를 합산한 후, 둘째, 셋째 순으로 다시 설문을 시작하여 점수를 합산한다.

	부모의 일관성 테스트	전혀 아니다	가끔 그렇다	항상 그렇다
1	부모가 한 번 하라고 한 일은 미루지 않고 한다.	0	1	2
2	벌을 주겠다고 하면, 해야 할 일을 하는 편이다.	0	1	2
3	말다툼이 있기는 하지만, 안 된다는 이유를 이해한다.	0	1	2
4	규칙을 요리조리 피해 가는 데 명수이다.	2	1	0
5	집안 일을 시키면 항상 마무리를 못하는 편이다.	2	1	0
6	자녀의 문제 행동 때문에 배우자와 마찰을 겪고 있다.	2	1	0
7	부모를 자신이 한 말을 실천하는 사람이라고 믿는다.	0	1	2
8	집이 아닌 곳에서도 예의바르게 행동한다.	0	1	2
9	자녀 문제로 어떻게 대처해야 할지 머리가 아프다.	2	1	0
10	자녀가 미안해 하면 금세 마음이 누그러든다.	2	1	0
11	부모의 기분이 좋을 때 교육하기가 훨씬 수월하다.	2	1	0
12	말을 듣게 하기가 너무 힘들다.	2	1	0
세 줄의 점수를 모두 합하면, 첫째 자녀의 점수 : __________ 둘째 자녀의 점수 : __________ 셋째 자녀의 점수 : __________	___ ___ ___	___ ___ ___	___ ___ ___

자녀의 점수대가 높을수록 당신은 일관성 있는 태도로 자녀를 교육하고 있는 것이다. 획득 가능한 최고 점수는 24점이다. 만일 최고 점수에 가까운 점수를 받았다면, 질문의 내용을 올바르게 이해하고 답했는지 다시 한 번 확인하기 바란다. 일반적인 부모들의 점수는 그렇게 높게 나오기가 힘들다. 만약 자녀별로 다른 점수가 나왔다면 각각의 자녀에게 왜 다른 행동을 하고 있는지 생각해 보자. 아울러 시간이 흐른 다음 자신이 더욱 일관성 있는 태도를 갖추었다는 확신이 들었을 때, 다시 한 번 테스트를 실시해 보는 것도 좋다.

6장

여섯 번째 비법

지지와 통제

독립적이면서도 예의 바르고 강인하게 키워라

01

적절한 지지와 통제는 필수다

__ 자녀를 어떻게 지지하고 통제할 것인가?

지지와 통제, 자녀에게 꼭 필요한 두 가지를 요약할 수 있는 말로 이만한 것은 없을 것이다. 하지만 부모들은 그것을 어떻게 사용해야 할지 막막할 때가 많다. 그래서 이 장에서는 이 두 가지의 적절한 사용 방법에 대해 알아볼 것이다.

자녀를 지지한다는 것은 자녀에게 필요한 애정과 온기를 베풀고 자녀의 생각을 이해하며 그들이 필요로 하는 것들을 그때그때 조달하는 것, 즉 자녀를 있는 그대로 받아들이며, 하나의 개체로 성장할 수 있도록 돕는 것을 의미한다. 이러한 일들은 자녀를 정서적으로 건강하고 행복한 성인으로 성장시키기 위해 부모라면 반드시 해야 하는 일이다. 1장에서 3장까지 소개한 세 가지 비법은 자녀를 이러한 방식으로 지지하기 위한 것이었다.

그에 반해 자녀를 통제한다는 것은 자녀에게 필요한 규제와 교육 그리고 감동을 제공하는 것을 의미한다. 이는 시간이 지남에 따라 더욱 성숙해지며 가족의 일원으로 자리매김할 수 있도록 자녀에게 기대를 거는 것을 의미하기도 한다. 이러한 일들은 자녀를 올바른 행동 양식을 갖춘 성인으로 성장시키기 위해서 부모라면 반드시 해야 하는 일이다. 4장의 네 번째 비법과 5장의 다섯 번째 비법은 자녀를 이러한 방식으로 통제하고 일관성 있는 태도로 교육하기 위한 것이었다.

어떤 부모들은 자녀를 지지하는 데 정성을 아끼지 않고, 어떤 부모들은 자녀를 통제하는 데 온 힘을 쏟는다. 그러나 이러한 지지와 통제가 균형을 이루어야만 마침내 자녀 교육에서 최상의 결과를 이루어 낼 수 있다.

앞에서 자녀를 통제하는 가장 빠르고 효과적인 방법은 바로 행동 제한을 설정하는 것이라고 당신은 배웠다. 그러나 자녀들에게 항상 당신의 기대에 부응하기만을 강요할 수는 없다. 자녀에게도 부모에게도 휴식은 필요하다. 그러므로 자녀에게 지나친 기대를 걸거나 불필요한 강요를 하는 일은 없어야 한다.

__ 부모의 기대보다 자녀의 올바른 선택을 도와라

부모들은 자녀에게 옷 입는 법부터 사회적인 성공까지 엄청나게 많은 기대를 품고 살아간다. 하지만 자녀에게 품고 있는 기대 중 대부분은 실제로 자녀를 훌륭하게 성장시키는 데 전혀 불필요한 것이기도 하다. 자녀는 자신의 인생에 필요한 것들을 스스로 선택할 수 있을 때 비

로소 자신이 스스로의 삶에 통제권을 가지고 있음을 느낀다. 그리고
이러한 확신은 자녀를 더 자신감 있고 당당한 어른으로 성장시킨다.

그러나 당신이 만약 자녀에게 올바른 규제를 하고 싶다면 4장에 있
는 〈사랑의 규제표〉를 참조하기 바란다. 만일 표에서 반드시 규제해
야 할 항목으로 분류되지 않은 것이라면, 자녀의 안전을 위협하지 않
는 범위 내에서 자녀의 취향을 존중해도 좋다. 가령, 운동화 대신 샌들
을 신는 것과 같은 것은 허용해도 되겠지만, 특히 십대 여아에게 지나
치게 성숙한 취향의 옷차림은 안전하지 않기 때문에 경우에 따라 허
락해 줄 것은 허락해 주고 금지할 것은 금지하기 바란다. 자녀의 취향
을 존중해 주는 문제는 나서야 할 부분과 나서지 말아야 할 부분을 선
택하는 문제와 같다. 당신은 점차 성장해 가는 자녀를 한 사람의 성숙
한 개체로 인정할 줄 알아야 한다. 그리고 어쨌거나 지나친 관심은 금
물이다. 특히나 자녀가 십대라면 말이다.

자녀는 학교 내외에서 많은 활동을 하게 된다. 학원을 다니거나 동
호회, 종교 단체, 스포츠 클럽 등에 가입하여 많은 친구를 사귀며 이를
통해 자신감과 책임감에 대해 배우게 된다. 하지만 당신은 이러한 자
녀의 활동을 보며 자문해 볼 필요가 있다. ‘나는 자녀가 이러한 활동
에 참여함으로 무엇을 얻기를 기대하는가?’ 하고 말이다. 자신의 자
녀가 항상 최고이기를 원하는가? 하지만 자녀가 아무리 뛰어난 재능
을 가진 영재라 할지라도 당신이 기대치를 낮추지 않는다면, 이는 자
녀를 좌절과 슬픔으로 몰아갈 수도 있다.

부모들이 자녀에게 거는 지나친 기대감은 대개 자신이 이루지 못했
던 것인 경우가 많다. 그런 경우 부모는 자녀를 통해 대리만족을 얻고
자 하는 경향을 보인다. 만약 당신이 자녀에게 능력 이상의 것을 과도

하게 요구하고 있다면, 이는 자녀에게 거짓말을 해서라도 부모를 행복하게 만들어 달라고 부추기고 있는 것이나 마찬가지이다.

이렇게 당신의 기대치가 지나치게 높으면 자녀는 아무리 노력해 봐야 그 기대치를 만족시키기는 힘들다는 사실을 깨닫게 되어, 매사에 의욕을 느끼지 못할 뿐 아니라, 자아 형성에 문제가 생기거나 강박 증세를 가질 수도 있다. 이런 식의 자녀를 조종해야겠다는 생각은 공들여 쌓은 부모와 자녀간의 유대 관계를 순식간에 무너뜨릴지도 모른다.

그럼에도 불구하고 부모들은 항상 자녀에게 뭔가를 시키려고 한다. 예를 들어 자녀가 음악에 소질이 있는지 알아보기 위해 피아노를 배우게 하는 것은 충분히 타당하다. 자녀가 스포츠에 관심이 있는지 알아보기 위해 축구 경기에 참가시키는 것도 나쁘지 않다. 사실 부모는 자녀가 그것에 소질을 보이는지 아닌지 금세 알 수 있다. 따라서 소질이 없어 보인다면 억지로 강요하지 말고 그만두게 하는 것이 좋다.

가족이 믿는 종교 단체의 행사에 자녀를 참가시키는 것도 좋은 일이다. 하지만 이 역시 지나치게 강요하기보다는 자녀가 흥미를 가지고 지속적으로 참가할 수 있도록 융통성 있게 대처할 필요가 있다. 살다 보면 언젠가 한번은 유용하게 쓰일 일이 있으리라는 생각에 수영을 가르치는 것도 나쁘지 않은 일이다. 수영을 다니다 보면, 등록한 수업을 끝까지 마칠 수 있는 끈기를 배울 수도 있기 때문이다.

그러나 스포츠나 음악, 취미 등이 싫다고 하는데도 자녀의 생각을 바꾸려 하거나 특기 교육을 강요하고 싶다면, 자신이 왜 그렇게 고집하는 것인지 스스로에게 먼저 물어볼 일이다. 만능인 자녀를 꿈꾸거나 자신이 하고 싶은 일을 자녀에게 시킴으로써 대리 만족을 얻으려는 것은 아닌지……. 당신의 이런 고집은 부모와 자녀 사이의 관계를 망가

뜨리기도 한다. 특히 당신이 고집한 일에 자녀가 약간의 소질을 보이는 경우에는 더더욱 포기하기 힘들 것이다. 하지만 당신은 자녀가 싫다는 일은 언젠가는 그만 두게 마련이라는 사실을 기억해야 한다.

물론 자녀의 생활에 활력을 주고 자녀가 가진 재능을 살려 주기 위한 목적이라면 자녀의 예체능 활동을 고집하는 것은 타당하다. 그리고 다양한 활동에 자녀를 참여시키는 것은 매우 건전한 일이다. 그러나 분명히 알아 두어야 할 것은 무엇을 하든지 부모의 강요가 아닌 자녀의 의사를 반영해야 한다는 것이다.

__ 자녀를 통해 대리만족하지 마라

스포츠 활동은 신체 단련에 탁월한 효과가 있으며 교우 관계를 넓혀 주고 규칙의 중요성을 일깨워 주며, 자신감과 지구력을 길러 주는 효과가 있다. 하지만 승부 위주의 경쟁은 자녀로 하여금 우수한 성적을 내야만 사람들의 관심과 애정을 받을 수 있다는 착각을 하게 만들수도 있다. 자녀는 자신이 우수한 성적을 냈을 때만 기뻐하는 부모를 보며 깊은 좌절감을 맛볼 수도 있다. 그리고 이러한 감정은 부모와의 관계를 완전히 단절시킬 수도 있다.

필자는 열두 살에 해당 종목의 국내 주니어 챔피언을 네 차례나 거머쥔 소녀를 상담한 적이 있었다. 게다가 그녀는 북미 지역 챔피언이었다. 우리가 처음 만났을 때도 그녀는 다음에 열릴 국내 리그를 위해 훈련 중이었다. 하지만 그녀는 신경 쇠약으로 국내 리그 사전 참가 심사에서 한 차례 탈락한 상태였다. 부모가 그녀의 상담을 신청한 것은 심사에서 탈락한 원인을 알아내기 위해서였다. 심사 기회는 두 번 더 남아 있는 상황이었다. 사실 그 아빠는 딸의 탈락 원인이 그녀가 자신에게 화가 나 있기 때문이라고 믿고 있었다. 그는 이것 때문에 일주일 동안 그녀와 단 한마디도 하고 있지 않았다.

한편 딸의 설명은 이랬다. 그녀는 자신의 수면습관에 대한 문제를 호소했다. 잠자기 전에 할 일이 너무 많다는 것이었다. 신발을 정리하고, 침대 밑과 장롱 안에 아무것도 없다는 사실을 확인하고, 심지어 창문 밖까지 확인한 다음, 강아지에게 잘 자라는 키스를 네 번 해주고, 노래를 흥얼거리는 동안 야간 조명등 스위치를 열두 차례 껐다가 켜기를 반복하는 것이 할 일에 포함되어 있었다. 그녀는 매일 밤 같은 일을 마치 하나의 의식처럼 반복해 왔다. 그런데 국내 리그 심사가 있기 전날 밤에는 이 같은 의식을 하지 못했다. 그 소녀가 생각하기에는 국내 리그 참가 심사에 탈락한 이유가 바로 이 때문이었다.

그녀의 부모와 만난 자리에서 필자는 지나친 경쟁으로 인한 심리적 압박감이 소녀에게 끼치는 영향에 대해 의견을 나눴다. 그리고 그녀의 부모에게 경기는 잠시 접어 두고 몇 개월 동안 휴가를 떠날 것을 권유했다. 하지만 그녀의 아빠는 설혹 지나친 경쟁이 딸에게 해를 끼친다 하더라도 그럴 수는 없노라고 강하게 반발했다. 아빠의 말은 이랬다.

"나는 한 번도 나가 보지 못한 경기를, 내 딸은 하고 있어요. 이 애는 이 모든 과정을 이겨낼 만큼 충분히 강합니다. 그 과정에서 어떠한 대가를 치르건 이 애는 해낼 겁니다."

얼마 후 이들은 다른 주로 이사했다. 그리고 필자는 아직 그 소녀가 올림픽 국가 대표 명단에 오른 것을 보지 못했다. 스포츠를 향한 아빠의 잘못된 열망이 어쩌면 딸의 평생을 망친 셈이었다.

이처럼 자녀에게 올바른 관심을 기울이는 길이란 자녀가 참가하는 경기나 콘서트 또는 다른 활동에 되도록이면 참가하려고 노력하며 자녀가 이를 즐길 수 있도록 돕는 것이지, 부모가 승패의 결과에 연연하여 기뻐하거나 슬퍼한다는 사실을 알리는 것이 아니다. 자녀를 진정으로 위할 줄 아는 부모는 경쟁에서 이기거나 지거나 상관하지 않고 자녀로 하여금 자신이 노력하여 거둔 성과를 소중하고 자랑스럽게 여기게 한다. 성공을 향한 열의는 자녀 안에 있는 것이다. 이것을 부모가 만들어줄 수는 없다.

학교 성적보다는 학습 방법에 관심을 둬라

자녀에게 학교 공부의 중요성을 설명하는 가장 올바른 방법은, 그것이 자신이 원하는 것을 이루는 데 도움을 준다고 말하는 것이다. 실제로 우리 사회에서는 학력별로 연봉 차이가 난다. 공부를 잘하는 자녀는 부모에게 기대지 않고 비교적 빠른 시일 내에 경제적 독립을 이룰 확률이 높다. 성적이 좋으면 더 많은 기회가 돌아가는 것도 사실이다. 그리고 이것 자체가 인생에서 큰 행복의 원천이 되기도 한다.

하지만 성적보다 더 중요한 것은 자녀들에게 배움의 방법과 배움 자체를 즐기는 법을 가르치는 것이다. 물론 공부를 잘하는 자녀가 그렇지 않은 자녀보다 자신이 좋아하는 일에 매진할 확률이 높다. 그러나 지나친 성적 중심의 교육은 자녀의 올바른 자아 성장에 부정적 영향을 끼칠 뿐만 아니라 학습 의욕을 떨어뜨릴 수도 있다. 따라서 당신이 자녀에게 바랄 것은 자신이 할 수 있는 만큼 최선을 다하는 것, 그 이상도 그 이하도 아니다.

어떤 자녀는 1등만 하는 반면 어떤 자녀는 반에서 중위권만 겨우 유지할 경우도 있다. 반에서 중위권을 유지한다는 것은 자녀가 잘하는 과목이 있고, 중간 정도의 성적을 받는 과목이 있으며, 잘하지 못하는 과목이 있다는 것이다. 그러므로 단순히 석차만을 놓고, 자녀가 얼마만큼 열심히 노력했는지를 판단하는 것은 옳지 않다. 자녀가 해당 과목에 노력을 기울이고 있는지 그렇지 않은지는, 숙제를 제출하지 않았다거나 수업 시간에 졸다가 지적을 당했다거나 하는 경우에만 알 수 있다. 성적만을 보고 자녀의 노력 여부를 평가하는 것은 옳지 않다.

한편, 당신은 자녀와 함께 학습 기회를 만들어 나감으로써 자녀에게 학습을 즐기는 자신의 모습을 보여 줄 필요가 있다. 그러면서 자녀에게 공부란 게임이나 퍼즐, 미스터리를 풀어나가는 것과 같음을 이해시켜야 한다. 그리고 누구나 실수를 저지르지만 무엇이 잘못되었는지 깨달아 다시는 잘못을 저지르지 않는 일이 얼마나 중요한지 가르쳐야 한다.

가령, 자녀가 학기말 시험을 망쳤다면, 점수를 따질 것이 아니라 공부하는 법을 가르쳐 줄 필요가 있는 것이다. 자녀가 배우는 일에 열의가 생긴다면 성적은 저절로 향상되기 때문이다. 지능지수는 성적의 25%만을 좌우한다는 말이 있다. 성적은 지능지수가 아닌 자녀의 정보 접근 능력, 부모의 도움 그리고 공부해야겠다는 열의, 공부 방법, 노력 등 다양한 요소에 의해 결정된다.

그렇다면 이제 자녀들이 시험에서 좋은 성적을 얻기 위해 저지르곤 하는 부정행위에 대한 이야기로 옮겨 보자. 사실 부정행위를 공부에 아무런 도움이 되지 않는다. 따라서 당신은 자녀들에게 부정행위를 저질러 좋은 점수를 받아오느니 차라리 나쁜 점수를 받아오는 편이 낫다고 가르칠 필요가 있다. 부정행위를 해서 얻은 좋은 점수는 오래 가지 못한다. 부정행위를 저지를 수 있는 여건이 항상 조성될 수는 없기 때문이다. 따라서 부정 행위를 저지른 학생들은 공부 방법을 깨닫지 못하고 결국 공부 자체에 좌절감만 느끼게 된다. 어쩌면 좋은 점수와 1등만을 원하는 부모들의 욕심이 자녀에게 부정행위를 부추기는 것인지도 모른다. 진정한 자기 공부가 아닌 성적 위주의 사고방식말이다.

__ 정리 정돈보다는 인격 형성을 고려하라

어린 자녀가 있는 일반적인 가정은 대개 지저분하다. 필자의 집 역시 그렇다. 그런데 부모가 자녀에게 반드시 가르쳐야 할 일 중 하나가 바로 자기 자신을 돌보는 법과 집안 정리하는 법이다. 아이들과 함께 할 수 있는 집안 일로는 바닥에 떨어진 물건을 주워서 제자리에 놓기, 세탁기 돌리기, 먼지 털기, 진공청소기 돌리기, 식탁 닦기, 쓰레기통 비우기, 화장실 청소하기 등이 있다. 이러한 청소 체계는 가족이 고루 분담하였을 때 가장 효과적으로 이루어진다.

이렇게 집안 일을 통해서 자녀는 책임감을 배울 수 있을 뿐 아니라, 다른 사람과 다른 사람의 일을 존중하는 법을 배우게 된다. 가령, 자녀는 집안 일을 통해서 사용한 물건을 제자리에 돌려놓는 것이 왜 필요한지를 배우게 된다. 그러나 자녀가 하는 일이 성인만큼 완벽하리라는 기대는 금물이다.

자녀의 방은 자녀의 주요한 생활 공간이다. 따라서 자녀가 중학생 이상이면, 자신의 방을 어떻게 관리하는지 간섭하지 말 것을 권한다. 자녀 방의 위생 상태는 건강을 해치지 않을 정도, 자신이 찾고자 하는 물건을 찾을 정도로만 정돈되어 있으면 된다. 하지만 자녀가 깨끗한 정리 정돈 상태를 유지할 수 없다는 것은 부모들에게 엄청난 스트레스를 준다. 그리고 이것은 부모와 자녀 사이에 엄청난 갈등과 좌절감을 불러일으키기도 한다.

하지만 좌절감을 느끼기는 자녀 역시 마찬가지이다. 지나치게 깨끗하게 정리 정돈된 집안에서 자란 자녀들은 자신이 부모를 만족시키지 못할 거라고 생각하거나 심지어는 부모를 만족시킬 필요조차 느끼지 못하기도 한다. 부모가 자기보다 집을 더 소중히 여기는 듯한 느낌을 받으면 자녀 역시 서운한 감정이 들게 마련이다. 집을 둘러싼 이와 같은 갈등은 종종 아이들의 자아 형성에 부정적 영향을 끼쳐 우울증이나 식이 장애를 유발하기도 한다.

그러니 지금까지 당신이 집의 정리 정돈 상태에 집착했었다면 이제 자녀의 인격 형성이 어떻게 되고 있는지에 관심을 돌려 보라. 아울러 자신에게 집이 단순히 정리 정돈을 해야 할 공간이 아니라, 가족과 함께 웃으며 즐거움을 나눌 수 있는 공간인지 생각하는 시간을 가져 보자. 집을 자신이 원하는 상태로 유지하는 것보다 자녀가 당신과 함께 집에 있을 때 어떻게 느끼는가가 더욱 중요하지 않을까?

02

과도한 부모의 개입을 삼가하라

__ 자녀는 부모의 인형이 아니다

이따금씩 자녀의 심리까지 마음대로 조종하려는 부모들을 볼 수 있다. 대표적인 예로는 의도적으로 애정을 주지 않기, 자녀를 과소평가하거나 좌절시키기, 죄책감 갖게 하기, 비판하기, 잘못을 저지르면 아무 말도 못하게 하기 등이 있다. 이러한 행위는 자녀의 행동을 바꾸려고 한 것이겠지만 실상 이것은 자녀에게 큰 상처를 남길 뿐 아니라, 자녀 교육을 망치기도 한다.

심리 조종이라고 하면 사람들은 대단한 것으로 착각하기 쉽다. 하지만, 자녀가 말을 듣지 않을 때 부모가 흔히 하는 말 중에 "너는 엄마·아빠를 사랑하지 않는구나", "어쩌면 애가 고마워할 줄을 모르니", "미안하지?"와 같은 말들이 이에 속한다.

그런데 부모로부터 이러한 심리 조종을 당한 자녀는 자신의 행동과 감정을 통제하는 법을 배울 수 없으며, 이러한 상태가 지속되면 자녀의 독립심과 자아 형성에 부정적 영향을 주어 성인이 되어서도 부모에게 의존하게 된다. 그리고 유아기의 심리 조종은 우울증과 노이로제, 행동 발달 장애, 약물 오남용, 학업 기피, 무단 결석 등으로 이어질 수 있으므로 각별히 주의해야 한다.

__ 극성 부모 자가 진단법

자녀에게 지나치게 무관심하거나 자녀의 일에 상관하지 않는 행위를 우리는 방임이라고 부른다. 그 반대 개념으로는 과보호가 있다. 물론, 두 가지 모두 자녀에게 부정적 영향을 끼치는 것은 마찬가지다. 당신은 자녀를 보호하는 게 뭐가 문제냐고 생각할 수도 있다. 하지만 부모의 지나친 보호는 자녀의 올바른 자아 형성을 저해할 수 있으며 자녀가 혼자 힘으로 학습하는 것을 방해할 수도 있다. 그리고 부모의 과보호는 아동기 우울증과 노이로제를 유발할 수도 있다.

그렇다면 우선, 자녀를 과보호하고 있는 것인지 아닌지 어떻게 알 수 있을까? 다음의 경우라면 과보호에 해당된다고 할 수 있다.

- 자녀가 혼자 있을 시간이 없다고 투덜대거나 당신 대신에 친구들과 함께 또는 혼자 있고 싶다고 말한다.
- 자녀가 왜 자신의 일을 스스로 결정하지 못하게 하냐고 말한 적이 있다.
- 자녀가 당신과 다른 생각을 가지거나 다른 것을 원하면 불안하다.
- 자녀가 세상에서 단 하나뿐인 절친한 벗이자, 상담자가 되어 자신의 이

야기에 귀기울여 주기를 바란다.

- 자녀가 십대가 되었는데도 혼자서는 아무것도 할 줄 아는 것이 없다. 어 릴 적부터 모든 일을 대신해 준 것 때문인 것 같다.
- 자녀의 일에 모두 간섭하고 있다.

위의 문항과 일치하는 것이 많다면, 당신은 자녀를 과보호하고 있는 것이라 할 수 있다.

필자는 약물을 과다 복용하다 결국 자살까지 시도했던 열아홉 살 남학생을 상담한 적이 있었다. 치료 중 그 남학생은 엄마와의 관계에 문제가 있음을 밝혔다. 그의 말에 의하면 그의 엄마는 한시도 자신을 혼자 내버려두지 않았다고 했다. 고등학교 시절 친구 집에서 잠시 놀고 있으면 여지없이 엄마가 나타났고 당황한 그는 제발 가 달라고 엄마에게 애원하곤 했다고 한다.

하지만 그 학생의 엄마는 자녀가 있는 곳이라면 어디든 가리지 않고 여지없이 모습을 드러냈다. 집에서도 혼자 있을 시간이 없었다. 엄마가 시종일관 따라다녔기 때문이다. 그의 엄마는 자녀의 일과를 모두 알고 싶어 했다. 매우 극단적인 예이기는 하나, 이를 통해서 부모의 극성이 자녀를 자살까지 몰아넣을 수 있음을 알 수 있다.

__ 자녀의 숙제는 자녀에게 맡기자

부모의 극성이 가장 극명하게 나타나는 대표적인 예로는 자녀의 숙제를 들 수 있다. 자녀의 숙제를 도와줄 때, 당신은 바로 답을 가르쳐 주지 말고 답을 찾을 수 있도록 도와주어야 한다. 그리고 숙제를 마쳤다면 숙제를 검사한 후, 틀린 부분을 지적해 주면 된다. 아울러 이때 자녀가 이미 알고 있는 사실부터 묻는다면, 정답을 찾는 데 훨씬 도움이 될 것이다.

자녀가 놓치고 있는 힌트가 있다면 이를 알려 주어 생각할 시간을 준 다음, 나중에 답을 확인하는 것이 좋다. 자신의 손으로 문제를 풀었을 때의 희열을 느낄 수 있도록 도와줄 필요가 있는 것이다. 물론 혼자서 할 때보다는 부모가 도와주었을 때, 답을 찾는 속도가 훨씬 빠르겠지만, 속도가 느리다고 해서 자녀가 할 일을 대신 해주어서는 안 된다.

그 이후에는 당신이 먼저 숙제 하는 법에 대해 시범을 보여 주고 자녀에게 다시 물어 그 과정을 올바르게 이해하고 있는지 확인한다. 그리고 당신이 도와주지 않는 상황에서 비슷한 문제를 내주며 문제를 풀어 보라고 시키거나 같은 문제의 해답을 다시 한 번 더 구하도록 하는 방식을 활용한다. 이런 방식을 활용하면 당신은 자녀가 문제 푸는 법을 제대로 익혔는지 확인할 수 있다.

방학 숙제는 자녀가 학기 중에 배운 학습 내용을 복습할 수 있는 아주 좋은 기회이다. 그러므로 방학을 활용하여 공부하는 습관을 길러 주도록 한다. 차를 타고 가다가 한자 표지판이 나오면 한자로 된 지명을 읽어 보게 하는 것도 좋은 공부가 된다.

03

굳세고 강인한 자녀로 키워라

__ 자녀를 아끼고 인정하는 것에서 강인함은 키워진다

굳세고 강인한 사람들은 험난한 도전이나 장애를 만났을 때도 이를 쉽게 극복하며, 실수를 저질렀다고 해서 절망하거나 포기하지 않고 자신의 실수에서도 배울 점을 찾는다. 굳세고 강인한 사람은 그렇지 못한 사람보다 훨씬 더 행복한 삶을 살아가며, 자신이 화가 난다고 해서 다른 사람에게 해를 끼치는 일도 드물다.

그렇다면 자녀를 굳세고 강인하게 키우는 최고의 방법은 무엇일까? 그 해답은 바로 자녀가 어떠한 행동을 보이더라도, 당신이 자녀를 아끼고 인정한다는 사실을 알려 주는 데 있다. 따라서 성과가 아무리 작아도 자녀가 열심히 노력하여 이룬 것이라면 칭찬을 하고, 그 노력을 가상히 여길 필요가 있다. 평범한 자녀를 험난한 시련에도 굴하지 않는 굳세고 강인한 사람으로 키워 내는 비법은 바로 여기에 있는 셈이다.

그리고 그와 함께 실패와 무기력에 대해 내성을 키울 수 있도록 훈련을 시킬 필요가 있다. 이러한 훈련은 실제 생활에서 그러한 상황에 부딪쳤을 때 이를 돌파할 수 있는 힘을 주기 때문이다. 그렇다면 이러한 훈련을 어떻게 시킬 수 있을까?

01 | 실패에 대처하는 훈련법

우선, 인생을 살아가다 보면 자신의 뜻대로 되지 않는 일도 있기 마련이라는 것을 이야기한다. 그리고 세상에 완벽한 사람은 없기 때문에 사람은 누구나 자신이 잘하지 못하는 일에 좌절을 겪기 마련이라는 것을 알려 준다.

그리고 나서 자녀가 잘못한 일들을 이야기하며 자녀의 기를 죽여 보자. 자녀가 풀이 죽은 듯하면 이번에는 자녀가 잘한 일들을 이야기하며 자녀의 기를 살려 보자. 가령, 친절하고 명랑하며 잘하는 일이건 못하는 일이건 새로운 일에 대해 도전하면서 즐길 줄 아는 태도 같은 것 말이다.

그리고 자녀의 기분이 조금 풀어진 듯하면 이번에는 다시 자녀의 약점에 대해 이야기해 보자. 꾸준히 도움을 받으면 충분히 개선될 수 있는 일들 말이다.

02 | 무기력증에 대처하는 훈련법

자녀들을 키우다 보면 소질 여부와 무관하게 그 어떤 활동에도 관심과 열의가 없는 자녀도 있게 마련이다. 이러한 자녀들은 뭐든지 빨리 포기하고 누군가에게 지는 것 자체를 극도로 싫어할 수도 있다. 만일 과거에는 곧잘 해내던 일을 해내지 못한다면, 이는 아마도 그 일에 흥미를 잃었거나 더 이상 그 일에 소질이 없는 것일 수도 있다. 이런 경우라면 "하고 싶은 일이 또 있어?"라고 물어보는 것이 옳다. 또한 선생님이나 코치에게 자녀의 현재 상태와 노력 정도, 소질에 대해 조언을 구하는 것이 마땅하다.

자녀의 부진이 일시적인 노력 부족 때문인지 알고 싶다면, 상을 주겠다고 제안하는 것도 좋다. 상을 받고 싶어 하기는 하지만 예전만큼 잘 하지 못한다면, 자녀에게는 이제 더 이상 그 일에 대한 소질이 없는 것일 수 있다. 그리고 만일 노력하여 부모가 제안한 상을 받는다면, 그의 부진이 일시적인 노력 부족 때문이라는 것을 알 수 있다.

자녀가 실패를 겪어서 좌절과 실망에 빠져 있다면, 당신은 이를 단순한 실패가 아닌 또 다른 배움의 장으로 활용해야 한다. 그리고 만일 자녀가 다른 사람의 잘못을 지적하거나 남을 탓하는 말을 한다면, 자녀를 야단쳐야 한다. 피해망상은 평생에 걸쳐 그 사람을 괴롭히는 나쁜 습관이 되기 때문이다. 그리고 피해망상은 그 사람을 약하게 만들어 더 나은 미래를 준비할 수 없게 하기 때문이다.

우리 사회에는 일정한 규칙으로 이루어진 법과 학교, 직업 등이 있다. 따라서 자신에게만 예외가 적용될 수 없다는 사실을 이해하지 못하는 사람은 사회생활에 적응할 수 없다. 그리고 이러한 체제에 반항하는 성향을 가진 사람은 남들과 어울리지 못하고 불행한 삶을 살아가게 된다. 또한 이러한 사람들은 규칙이나 체계를 만들어 나가고 적용해야만 하는 부모나 관리직이 되는 데도 어려움을 겪는다. 만일 자녀를 특별하게 대하고 있다면, 당신은 자녀에게 반드시 규칙에 순응하는 법을 가르칠 필요가 있다.

아울러 자신이 원하는 모든 것을 손쉽게 얻으며 자란 자녀들은 목표를 향해 노력하는 경험을 하지 못할 우려가 있다. 이러한 자녀들은 학교에서 하루 종일 수업을 받거나, 조건이 좋지 못한 직장에서 오래 근무하는 것을 견디지 못한다. 따라서 부모는 용돈을 모아 자신이 원하는 물건을 사게 하거나 할 일을 모두 끝마친 다음 원하는 것을 얻을 수 있다는 것, 특별한 날 상을 주는 것 등을 통해 자녀에게 기다리는 법을 가르칠 필요가 있다.

__ 문제 해결 능력 길러 주기

자녀에게 문제가 있는 것처럼 보인다면 비판하거나 기죽이지 않고 자녀의 이야기를 우선 귀담아 듣는 것도 중요하다. 이야기를 들어주며 자녀 스스로 해결책을 찾아 낼 수 있을지 살펴본다. 그리고 자녀가 찾아낸 해결책이 안전하고 타당하다면, 자녀를 칭찬해 주고 자신이 찾은 해결책을 실행에 옮기도록 격려한다. 만일 자녀가 찾은 해결책이 타당해 보이지 않더라도 격려와 함께 몇 가지 질문을 통해 더 나은 해결책을 찾게 유도할 수도 있다. 하지만 자녀가 요청하지 않는 한, 해결책을 곧바로 알려 주어서는 안 된다. 또한 대부분의 문제는 시간이 지나면 저절로 해결되기도 한다는 사실을 말해 주자.

가령, 자녀가 실수로 두 명의 친구에게 같은 시각에 영화를 보자고 해서 한 친구에게 아프다고 거짓말을 했다고 치자. 이때 당신은 다른 친구가 영화관에 있는 자신의 모습을 보게 되면 어떠한 기분이 들지 생각해 보라고 말할 수 있다. 자녀는 아마 다른 한 명의 친구에게 솔직하게 자신의 실수를 털어 놓고 다음 약속을 잡을 것이다. 그리고 자신의 계획대로 그냥 실행했다고 하더라도, 자녀는 나중에 자신이 실수를 저질렀음을 깨닫게 될 것이었다. 이처럼 부모는 대화를 통해 자녀가 올바른 문제 해결법을 찾도록 도와주어야 한다. 자녀 혼자 알아서 하게 내버려 둔 다음, "거봐라. 내가 뭐랬니?" 하는 식은 곤란하다.

그리고 당신이 실수를 통해 더 나은 해결책을 찾을 수 있다는 것을 직접 보여 주는 것 역시 산교육이다.

예를 들어, 다음과 같이 말이다. "네 말을 들었어야 하는데 미안하구나. 다음부터는 네 말을 더욱 귀담아 들을게", "고지서를 저기 둔 줄 알았는데 찾아 봐야겠구나. 날짜가 늦어서 연체료를 내야 할지도 모르겠는걸. 이제부터 고지서는 한군데 모아두어야겠다", "시간을 확인했어야 했는데. 다음부터는 더 꼼꼼히 확인해야겠어"와 같이 자신의 실수를 인정하는 모습을 보여줌으로써 당신은 자녀에게 간접 경험을 제공할 수도 있다.

아울러 자녀에게 한꺼번에 너무 많은 일을 시키는 것은 좋지 않지만 자녀 대신 일을 처리해 주는 것도 좋지 않기는 마찬가지이다. 자신의 일을 스스로 할 수 있다는 자신감을 가지지 못한다면 자녀는 점차 아무런 시도조차 하지 않을 수도 있다. 자녀는 자신의 일을 스스로 처리함으로써 책임감과 독립성에 대해 배우게 되기 때문이다.

따라서 자녀가 혼자서도 충분히 해낼 수 있는 일을 하고 싶어 한다면, "혼자서도 할 수 있지. 하고 싶으면 해보렴" 하고 자녀를 격려해 줄 필요가 있다. 물론 예전에도 자녀가 혼자서 잘해 내는 모습을 확인한 상태에서 말이다.

가령, 네 살배기 아들이 혼자서 바지를 입을 줄 알면서도 당신에게 도와달라고 말한다면, 당신은 "혼자서도 잘할 수 있잖아. 어디 한번 혼자 입어 보렴"이라고 말하여 자녀의 독립심을 길러 주어야 한다. 만일 이렇게 말했는데도 혼자서 옷을 입기 싫어한다면 당신은 "놀러 나가기 싫은 모양이구나. 옷을 입어야 놀러나가지"라고 말해 자녀 스스로 옷을 입도록 해야 한다.

04

피해야 할 네 가지 자녀 교육 방식

__ 자녀 교육 방식의 기준은 지지와 통제

부모들의 자녀 교육 방식은 통제를 우선으로 할 것인지 아니면 지지를 우선으로 할 것인지에 따라 다르다. 이에 우리는 부모들의 여러 가지 다양한 자녀 교육 방식 중 대표적인 네 가지 방식을 선정하여 주요한 특징별로 이름을 붙여 분류하였다.

이제 세상의 많은 부모들이 사용하는 다양한 자녀 교육 방식 중 자신은 어떤 방식으로 교육하고 있는지, 이러한 자녀 교육 방식이 부모와 자녀에게 어떤 영향을 끼치는지 본격적으로 알아보자. 자신의 자녀 교육 방식과 비슷하게 생각되는 설명 위에 표시를 하며 읽어 보자.

글을 읽기 전에 우선, 자신이 행하고 있는 자녀 교육 방식을 객관적인 시각으로 관찰한다는 것이 쉬운 일이 아니라는 점을 염두에 두자. 또한 당신이 자신을 보는 것보다 자녀들이 당신을 보는 눈이 더 정확할 수 있음을 기억하자. 이것은 부모들이 가진 자기 방어 본능에서 비롯된 현상이며, 일일이 교정받는다는 것도 매우 어려운 일이다. 하지만 마음을 열고 자신의 자녀 교육 방식을 객관적으로 들여다보면 자녀 교육에도 도움이 될 뿐 아니라, 어렵게만 여겼던 자녀 교육이 한결 쉽게 느껴질 것이다.

우선 부모들이 가장 흔히 사용하는 네 가지 자녀 교육 방식과 유형 및 문제점을 살펴보자. 그리고 나서 가장 이상적인 자녀 교육 방식에 대해 알아볼 것이다.

1 통제형 교육 방식

이러한 방식의 교육은 자녀에 대한 지지보다는 통제에 중점을 둔 것이다. 그렇다고 해서 이러한 방식을 주로 사용하는 부모들이 자녀에게 아무런 지지를 하지 않는다는 것은 아니다. 단지, 지지보다 통제의 비율이 더욱 높다는 것이다.

__ 통제형 교육 방식의 유형

01 | 관계

이러한 방식을 주로 사용하는 부모들은 종종 티가 날 정도로 자녀들 때문에 실망하거나 절망하며 분노한다. 이러한 부모들은 자녀들이 확실한 성과를 보였을 때에만 대체로 애정을 표현하는 편이다.

02 | 통제

자녀에게 상세하게 지시하는 편이고, 부모를 존경하며 부모에게 순종하기를 원하는 편이다. 일이나 전통, 질서 등 고전적인 가치를 중시하고 자녀가 잘못된 행동을 할 때는 수치심을 불러일으켜서라도 이를 중단시키려고 한다.

03 | 훈육

자녀의 행동에 일정한 기대를 품고 있다. 자녀가 자신의 말에 질문을 하지 않고 순종하기를 바라며, 자녀와 토론할 필요를 거의 느끼지 못한다. 자녀가 무슨 말을 어떻게 하건 자신의 가치관을 고수하는 편이며, 자녀가 부끄러움을 느끼거나 놀라거나 상관하지 않고 직접적으로 말하는 편이다. 다른 자녀 교육 방식을 가진 부모들에 비하여 상보다는 벌을 자주 준다.

04 | 참여도

자신의 도움 없이 자녀가 현명한 결정을 내리기 어렵다고 믿는 경우가 많다. 따라서 자녀의 활동에 참여하는 빈도가 높으며, 특히 자녀들이 좋아하는 활동에는 더욱 적극적으로 참여한다.

05 | 대화

대화보다는 설교를 많이 하는 편이며, 자녀가 자신의 말을 경청하지 않으면 고함을 질러서라도 경청하게 만드는 편이다. 자녀를 비판하는 빈도가 높고 자녀가 잘못된 행동을 한 경우에는 때와 장소를 가리지 않고 큰 소리로 야단치는 편이다.

06 | 독립성

자녀가 얼른 성장하기를 바라며, 자신의 가치관과 행동을 따르는 자녀를 더 편애한다. 자신이 중시하는 종교나 가족적 전통을 자녀들이 따라주기를 바라며, 자녀가 자신과 상반된 가치관이나 종교를 가지는 것을 참지 못한다.

07 | 생활 점검

자녀가 무엇을 하고 있는지 철두철미하게 감시하며, 잘못된 길로 가는 것을 방지하기 위하여 항상 품에 끼고 있는 편이다. 자녀를 바른 길로 이끌기 위해서라면 공수부대 하사관 역할도 불사한다.

이러한 자녀 교육 방식은 다른 말로 권위주의 교육 방식으로 이름 붙일 수 있겠다. 이러한 자녀 교육 방식을 가진 부모는 자신이 옳다고 믿는 것 외에는 아무것도 믿지 않는다.

__ 통제형 교육 방식의 문제점

이런 교육 방식을 가진 부모 밑에서 자란 자녀는 대체로 친구가 없고 사회성이 부족하며 인기가 없고 다른 아이들에 비해 자기 중심적이며, 학교나 단체 활동에 별로 관심이 없다. 책임감이나 새로운 일을 시작하고자 하는 욕구가 적은 편이며, 스트레스를 받으면 적대적이거나 이기적인 태도를 드러내고 이타심이 적다.

연구 결과에 따르면 이런 교육 방식을 가진 부모 밑에서 자란 자녀는 자신의 일을 혼자서 처리하지 못하는 경우가 많으며, 우울증과 노이로제 증상을 보일 확률이 높고 성인이 된 후에도 부모에게 경제적으로 의존하는 성향이 높은 것으로 드러났다. 또한 십대가 되면서, 약물 오남용이나 무기력증으로 대표되는 문제 행동으로 부모에게 반항할 확률이 높다. 이러한 문제에 시달리게 되면 자녀는 자연히 가족이 아닌 외부에 도움의 손길을 청하게 되고, 같은 문제 행동을 가진 또래들과 사귀게 될 확률이 높다.

그리고 이러한 청소년들은 공통적으로 부모의 압력이나 충고를 거부하는 성향을 가지며 부모에 의해 항상 통제받거나 비판받고 있다는 생각에 자신이 존재 가치 없다고 여기게 된다. 또한 더 나아가 이러한 생각은 학습 장애를 불러일으키기도 하는 것으로 나타났다. 교육 방식은 일관성을 가지는 것이 좋지만, 통제형 교육 방식만은 반드시 피하는 것이 좋다.

__통제형 교육 방식을 가진 부모를 위한 조언

실제로 많은 부모들이 이러한 교육 방식을 고수하고 있다. 이 글을 읽고 있는 당신 역시 이러한 방식으로 교육을 받으며 자랐을지도 모른다. 그러나 현대 사회는 예전과 달리 엄청나게 변하고 있다. 자녀를 사랑하고 자녀가 올바르게 성장하기를 바란다면 아직 늦지 않았다. 물론 그 부모는 자신이 옳다고 믿는 방식으로 자녀의 행동을 통제하고 있을지 모른다. 그러나 문제는 통제가 지지와 전혀 균형을 이루고 있지 않다는 것에 있다.

물론 자녀에게 아무런 문제가 없다고 생각하고 이러한 충고를 달갑지 않게 생각하는 부모도 있겠으나, 확실한 것은 이러한 자녀 교육 방식을 가진 부모는 자녀를 지지하기보다는 통제하는 데 초점을 맞추고 있다는 것이다. 나름 최선을 다하고 있으며 아무런 문제도 없다고 생각할 수도 있으나 이러한 생각은 "완전히 부서지지 않으면 고칠 필요도 없다"라는 식이다.

만일 이러한 방식을 고수하게 된다면, 부모는 자녀를 혼내는 시간이 더 많아질 것이며, 자녀는 건전한 정서를 갖춘 성인으로 성장하기 어렵거나 사회적으로 성공하지 못할 확률이 높다. 또한 부모와의 관계에서도 불화를 피할 수 없을 것이다.

하지만 이러한 상황은 개선할 수 있다. 자녀가 부모와 거리감을 두지 않고 올바르고 훌륭한 성인으로 성장하기를 바란다면, 자녀 교육 방식을 더욱 균형 잡힌 것으로 바꾸면 된다. 부모와 자녀의 관계 회복을 위해서는 1~3장을, 융통성 있는 행동 제한을 위해서는 4장을, 가벼운 처벌과 상을 이용한 행동 제한에 대해서는 5장을, 자녀에게 현실적인 기대치를 갖는 방법은 6장을 활용하기 바란다.

② 자유 방임형 교육 방식

이러한 방식의 교육은 자녀에 대한 통제보다는 지지에 중점을 둔 자녀 교육 방식이다.

__ 자유 방임형 교육 방식의 유형

01 | 관계

이러한 교육 방식을 가진 부모는 자녀에게 온화한 태도를 보이고 자녀를 있는 그대로 받아들이는 경향이 있다. 이들은 자녀가 원하는 것을 모두 다 해줌으로써 자녀의 소원을 거의 들어 주는 편이며 자녀에게 친구 같은 존재가 되려고 노력하는 편이다.

02 | 통제

자녀를 구속하거나 억제하는 일이 거의 없다. 자녀에게 많은 기대를 걸지 않으므로 지시나 규제를 거의 하지 않는 편이다.

03 | 훈육

처벌이나 훈계를 거의 하지 않는 편이다. 자녀가 잘못을 저지르면 넘어가고, 잘못한 일에 대해서도 별다른 행동 제약을 취하지 않는다. 심지어는 잘못된 행동을 멈추기 위해 뇌물성 선물을 주기도 한다. 자녀 교육과 일관성을 지키는 일이 어렵다고 생각하므로, 자녀가 그렇게 행동할 수밖에 없었던 이유를 대며 자녀를 감싸는 편이다.

04 | 참여도

이러한 교육 방식을 가진 부모는 자녀를 인생의 중심에 두고 살아가므로, 자녀를 위해 자신이 하고 싶은 일쯤은 기꺼이 희생하는 편이다. 자녀가 스스로의 경험을 통해 교훈을 얻어야 한다고 생각하며, 부모가 자녀 일에 함부로 참견하는 것은 옳지 않다고 생각한다. 또한 자녀가 내린 결정을 신뢰하는 편이다.

05 | 대화

자녀에게 조언을 하기보다는 스스로 현명한 판단을 내리도록 내버려 두는 편이다. 자녀에게 무엇을 하라고 말하지 않는 편이며, 자녀 역시 자신의 방식대로 알아서 하겠다고 의사를 표현하는 경우가 많다.

06 | 독립성

아이는 아이일 뿐이라는 사고 방식을 가진 부모들이 많으므로 자녀에게 나이에 맞지 않는 성숙한 행동을 기대하지 않는다. 자녀는 기본적으로 자신이 하고 싶은 일을 모두 허락받는 편이다.

07 | 부모의 관여도

자녀가 안전하게 지내는지 감시하려고는 하지만, 실제로 자녀가 무엇을 하며 누구와 함께 지내는지에 대해서는 잘 파악하지 못하는 편이다. 자녀가 나이가 들수록 더욱 그렇다.

이러한 자녀 교육 방식은 다른 말로 묵인형 교육 방식, 온화한 부모 역할 또는 지나치게 느슨한 교육 방식 등으로 이름 붙일 수 있겠다.

__ 자유 방임형 교육 방식의 문제점

이러한 교육 방식을 가진 부모 밑에서 자란 자녀는 명랑하고 쾌활하나 성숙하지 못하다. 그리고 충동적으로 일을 벌이는 경향이 있고 다른 사람을 성가시게 하거나 자신의 생각을 감추지 못하는 특성이 있다. 종종 남들의 눈에 자기 중심적이고 삐뚤어진 아이로 비춰질 수도 있으나 호기심이 적은 편이고 책임감이 강하며 다른 아이들에 비해 자기 일은 알아서 하는 편이다. 십대가 되면 독립적이거나 반항적 기질을 드러내기도 한다. 스스로 감정을 통제하지 못하며 자신의 행동에 대해 현명한 판단을 내리지 못하는 문제점을 가지고 있다.

이러한 방식으로 교육을 받은 자녀들은 십대가 되면서, 약물 오남용 등의 문제에 관련될 확률이 높은 것으로 알려져 있다. 자신의 삶을 스스로 결정할 권리가 있다고 믿는 성향이 강하고 통제형 교육 방식으로 교육받은 자녀들과 마찬가지로 성인이 된 후에도 부모에게 경제적으로 의존하는 성향이 높은 것으로 드러났다.

__ 자유 방임형 교육 방식을 가진 부모를 위한 조언

이런 교육 방식을 가진 부모는 자녀를 위해서 모든 것을 다 해주고 싶은 사랑이 넘치는 부모일 수도 있다. 그러나 자녀에게 필요한 것은 사랑과 관심만이 아니다. 자녀들은 때때로 부모의 지시와 규제, 일관성 있는 교육을 필요로 한다.

이러한 방식을 고수하는 이유가 분란을 참기 힘들어서이거나 자녀가 부모에게 반항하는 것을 견딜 수 없어서이거나 혹은 자녀의 행동을 교정하기 위해 노력을 기울이기 싫어서라면 교육관에 문제가 있는 것이다. 어쩌면 부모는 자신 역시 이러한 방식으로 교육받았으며, 자신이 바르게 성장했기 때문에 자신의 자녀도 아무런 문제가 없을 것이라고 생각하고 있는지도 모른다.

그러나 세상은 전과 많이 달라졌다. 요즘 아이들은 예전의 아이들보다 훨씬 더 많은 돈을 가지고 다니며, 폭력과 성 등 위험한 요소에 많이 노출되어 있다. 따라서 자녀를 방임하는 것은 많은 위험 요소에 자녀를 노출시키는 것과 같다.

자신의 자녀 교육 방식에다 이 책에서 제시하고 있는 일곱 가지 자녀 교육의 비법을 적용한다면, 자유 방임형 교육 방식은 더욱 균형 잡힌 교육 방식으로 변모할 수 있을 것이다. 물론 부모나 자녀 모두 익숙하지 않기 때문에 자녀를 훈계한다는 일이 두렵거나, 자녀의 반발을 불러오지는 않을까 걱정될 수도 있다.

그러나 이런 경우에는 행동 제한이 그 답이 될 수 있다. 그 부분에 대해서는 4장과 5장의 내용을 참조하면 될 것이다. 자녀에게 때로는 규제와 제한이 더 큰 도움이 되는 경우도 있다. 그리고 부모가 자녀에게 아무런 기대를 걸지 않는 경우, 자녀는 영원히 정신적인 미숙아로 남을 확률이 높다. 자녀에게는 부모의 조언이 필요하다. 또한 부모는 책임감에 대해 가르쳐 자녀를 성숙한 성인으로 키워 낼 의무가 있다.

③ 치맛바람형 교육 방식

이러한 교육 방식을 가진 부모들은 자녀가 자신을 필요로 할 때나 그렇지 않을 때나 항상 자녀의 곁을 맴돌며 떠나지 않는 편이다. 자녀에게 과보호와 과한 통제, 과도한 지지를 일삼는 편이며 자녀가 하는 일마다 나서는 경우가 많고 자녀가 불편을 겪는 일을 절대로 그냥 넘기지 못한다.

치맛바람형 부모들은 자녀의 행동을 스스로 책임지도록 내버려두는 법이 없으며 학교나 사회에서 자녀가 이겨내야만 하는 문제까지도 자신이 대신 감당하려 든다. 이러한 교육 방식으로 자란 자녀는 자신이 뛰어날 때만 다른 사람들이 자신을 사랑해 준다고 믿게 된다.

그래서 실패나 실수를 극도로 두려워하며 혼자서는 아무것도 할 수 없는 사람으로 스스로를 여기는 경향이 있다. 게다가 책임감과 문제 해결 능력이 현저히 낮아 감당할 수 없는 문제는 회피해 버리는 성향도 있다. 그렇게 되면 다른 사람들이 자신을 위해서 무언가를 해주어야 한다는 특권의식을 지닌 이기주의자가 될 수도 있다. 자, 그럼 본인이 치맛바람형 부모인지 아닌지 확인해 보자.

- 내 자녀에게는 특별한 것이 어울린다.
- 글짓기나 숙제를 대신 해준 적이 있다.
- 선생님에게 자녀를 잘 봐달라고 하거나 성적 때문에 항의하는 일이 많다.
- 자녀가 하려고 애쓰는 일이 있으면 대신 해준다.
- 사람들이 자녀에게 질문을 하면 대신 답하는 경우가 많다.
- 자녀가 어떤 일에 실패하면 부끄러움을 느낀다.
- 자녀가 가진 문제는 자신의 문제이기도 하다.
- 자녀의 이메일을 주기적으로 점검한다.
- 학원 선생님에게 자신의 자녀를 더 신경써 달라고 요구한 적이 있다.
- 자녀의 모든 일정을 알고 있다.

그리고 이런 교육 방식을 가진 부모들은 또한 다음과 같은 행동 양식을 보이는 것으로 알려져 있다.

- 자녀의 진로를 직접 결정한다. 자녀의 의견은 무시한다.
- 자녀의 숙제를 대신 해주거나 다른 사람에게 대신 하도록 한다.
- 자녀가 일주일에 학교에 몇 번 가는지 확인한다.
- 자녀의 시간표를 대신 짜준다.
- 선생님과 면담하여 성적을 바꾸려는 시도를 한 적이 있다.
- 자녀의 일거수일투족을 관리한다.

치맛바람형 부모들은 자신들이 언제 어디서나 환영받는다고 생각한다. 그래서 자녀의 문제를 바로 잡기 위해서라면 그 장소가 어디든 가리지 않고 방문한다. 자녀가 성인이 된 후에도 매일 아침 모닝콜을 잊지 않는다. 도대체 혼자 일어나는 법은 언제 배우라는 것인가.

__ 치맛바람형 교육 방식을 가진 부모를 위한 조언

이런 부모 밑에서 자란 자녀들은 독립심과 책임감을 갖춘 어른으로 성장할 수 없다. 사실 자녀들에게 모든 것을 다해 주는 것은 자녀를 망치는 것이다. 자녀가 올바른 성인으로 성장하기 위해서는 실패와 좌절도 겪어 보아야 한다. 그러므로 자녀가 힘들어 보인다고 해서 장소를 불문하고 도와주는 일은 자제해야 한다.

당신이 자녀에게 해줄 수 있는 유일한 것은 자녀가 많은 경험을 쌓도록 기회를 제공하는 것이다. 실패는 자녀의 몫이다. 부모가 도와줘서 이룬 성공은 자녀의 것이라 할 수 없다. 4장의 〈사랑의 규제표〉를 지킨다면 자녀는 무리 없이 훌륭한 성인으로 성장할 것이다. 물론 성인이 되기 전까지 기본적으로 자녀가 누구와 함께 무엇을 하는지, 안전한지를 확인하는 것은 당연하다.

④ 태만형 교육 방식

자녀에게 아무런 통제나 지지도 하지 않는 교육 방식을 뜻한다.

__ 태만형 교육 방식의 유형

01 | 관계

이러한 자녀 교육 방식을 가진 부모는 자녀와 떨어져 있기를 원하며, 자녀에 대한 책임을 거부하는 편이다. 그리고 애정을 표현하거나 온화하게 자녀를 대하지 않을 뿐만 아니라 자녀가 필요로 하는 것에도 반응을 하지 않으며, 자녀의 일에 어떠한 공감대도 느끼지 못한다. 이러한 자녀 교육 방식을 가진 부모들은 자신의 정신적 문제를 해결하기 바쁘며, 약물로 인한 문제를 가진 이도 많다.

02 | 통제

부모는 자녀에게 어떠한 요구도 하지 않으며, 자녀의 행동에 제약을 두지도 않는다.

03 | 훈육

매우 불규칙한 유형을 보인다. 아무런 교육을 하지 않거나 지나치게 처벌을 가하는 경우도 있다. 자녀에게 보상이나 칭찬을 하는 경우도 거의 드물다.

04 | 참여도

이러한 교육 방식을 가진 부모는 자녀의 일에 개입하는 경우가 거의 없으며, 자녀의 학교생활이나 특기 교육, 건강 문제, 취미에도 관심이 별로 없다. 단지 좋은 부모로 보이기 위해서 피상적으로 관여하거나 아예 관여하지 않기도 한다.

05 | 대화

대화가 전혀 없거나 자신의 친구나 학교 문제와 같이 전혀 불필요한 것들에 대해 자녀들과 이야기하는 경향이 있다. 도움이 필요한 것은 자녀가 아니라 오히려 부모로 여겨지며, 주로 자기 자신에 대한 대화가 주를 이룬다. 자녀와의 약속을 자주 어기거나 지킬 의도조차 없는 약속을 습관적으로 하는 경향이 있다.

06 | 독립성

이러한 부모 밑에서 자란 자녀는 살아남기 위해서라도 독립성이 강할 수밖에 없다.

이런 부모는 자녀가 어디서 무엇을 하고 있는지 관심도 없는 경우가 많다. 자녀의 안전에 대해서도 마찬가지이며, 이로 인해 자녀가 곤경에 처하는 경우도 종종 발생한다.

__ 태만형 교육 방식의 문제점

이런 교육 방식을 가진 부모 밑에서 자란 자녀들은 공격적이며 비사회적인 성향을 지닌 것으로 알려져 있다. 특징으로는 학업 성취도가 낮고, 단체 생활에 적응하지 못하며, 범죄 행위를 저지르는 빈도가 매우 높다. 음주나 약물 오남용, 그 외에도 심각한 정신 질환이 자주 발견된다.

__ 태만형 교육 방식을 가진 부모를 위한 조언

자녀들은 이러한 교육 방식을 가진 부모가 생각하는 것보다 훨씬 더 많은 지지와 통제를 필요로 한다. 가능하다면 당장 전문가에게 도움을 구하라. 조기에 자신의 증상을 자각하고 도움의 손길을 구하는 것만이 유일한 해결책이다. 사회복지센터나, 신경정신과, 학교 등 도움을 받을 수 있는 곳이라면 가릴 필요가 없다.

이러한 부모는 자녀를 방치하고 있는 것뿐 아니라, 교육과 스트레스 등 자녀 교육 전반에 걸쳐 도움을 필요로 한다. 도움이 필요할 때 다른

사람의 도움을 받는 것은 전혀 부끄러운 일이 아니다 오히려 이는 사
태가 악화되는 것을 방지하게끔 해줄 것이다.

05

균형 잡힌 교육 방식

그렇다면 위에서 살펴본 네 가지 교육 방식에서 가장 이상적인 자녀 교육 방식을 어떻게 도출해낼 수 있을까. 필자는 이를 균형 잡힌 교육 방식이라고 말한다. 왜냐하면 이 교육 방식의 비밀은 바로 통제와 지지를 적절하게 섞어서 사용하는 것에 있기 때문이다.

__ 균형 잡힌 교육 방식의 유형

01 | 관계

부모는 자녀에게 온화하고 애정이 넘치며 자녀와 정서적으로 친밀한 유대 관계를 유지한다. 그리고 지속적으로 자녀에게 관심을 가지며 자녀가 나쁜 짓을 하거나 다른 생각을 하고 있다고 해서 배척하거나 사랑받지 못하고 있다는 느낌을 주지 않는다. 또한 자녀는 부모가 자신을 위해 최선을 다할 것임을 믿고, 부모는 자녀의 성장 과정에 대해 깊이 공감하며 자녀의 요구에 부응한다.

02 | 통제

부모는 융통성 있으면서도 단호한 방식으로 자녀를 규제할 줄 안다. 그래서 자녀가 순종하기를 바라면서도 항상 그러리라는 기대치는 가지지 않는다. 아울러 자녀는 부모가 이미 결정한 일에 대해 시비를 걸지 않고 부모는 심리적 조종으로 자녀를 지배하지 않는다.

03 | 훈육

벌보다는 상을 더 많이 주며 칭찬을 자주 한다. 벌을 줄 때도 지나치게 가혹한 벌보다는 가벼운 벌을 주는 편이다. 자녀의 행동을 규제하는 데 있어 일관성을 가지고 있고 먼저 자신이 기대하는 바를 말한 후 기다릴 줄 알며 자신이 잘못된 판단을 내렸을 때는 자녀에게 사과할 줄 안다. 자녀의 행동에 대해 공정하게 판단하려고 애쓰고 화가 나거나 좌절했을 때는 성인답게 감정을 추스를 줄 알며, 자신이 화가 났다고 해서 자녀를 처벌하지 않는다.

04 | 참여도

부모는 자녀의 활동에 관심을 가지고 활발하게 참여하지만, 결정은 자녀에게 맡긴다. 자녀에게 지나친 특성화 교육이나 지나친 개입을 하지 않는다. 그리고 다른 부모들보다 자녀들의 학습에 더 열심히 관여한다.

05 | 대화

자녀와 대화를 자주 하고 자녀의 의사 표현을 장려하며 자녀의 의견을 결론에 반영한다. 부모는 자녀에게 규칙이 필요한 이유와 이러한 규칙이 모든 사람들에게 어떻게 도움이 되는지를 설명한다. 부모는 자녀를 훈계하기에 앞서 나쁜 행동이 어떠한 결과를 불러올 수 있는지 충분히 설명한다.

06 | 독립성

자녀가 안전하다고 판단되면 독립적인 활동을 장려한다. 이러한 부모 밑에서 자란 자녀는 연령에 맞게 모든 것을 익힌다. 그리고 이런 부모는 자녀가 안전하면서도 자신이 원하는 결정을 내릴 수 있도록 돕는다.

07 | 부모의 관여도

균형 잡힌 교육 방식을 가진 부모들은 자녀가 기본적으로 언제 어디에서 누구와 무엇을 하는지 파악하고 있으나, 지나친 관여는 하지 않는 편이며 자녀와의 타협점을 찾는 편이다. 금기 사항이 있으면 자녀에게 그 이유를 설명하고 지키도록 노력할 것을 권한다.

이러한 교육 방식은 다른 말로 권위형 자녀 교육 방식으로 이름 붙일 수 있으며, 이 세상에 존재하는 가장 현명하면서도 훌륭한 교육 방식이라 할 수 있다. 다년간의 연구 결과 이러한 방식으로 교육받은 자녀들이 가장 훌륭하게 성장하는 것으로 나타났다. 그리고 이렇게 교육을 받은 자녀들은 스스로의 감정을 통제할 줄 알고 협조적이며 우호적이고 이타적이며 능동적이고 행복한 삶을 살아가는 것으로 드러났다.

또한 올바른 정서와 자아를 갖추어 학업 면에서도 뛰어난 성취도를 나타냈다. 게다가 리더십, 신뢰감, 예의범절, 책임감 등이 뛰어나고, 원만한 교우 관계를 유지하며, 약물 오남용 등과 같은 문제 행동을 일으킬 확률이 낮은 것을 볼 수 있었다.

또한 청소년기에 조기 성 행위로 문제를 일으킬 확률이 매우 낮고 부모로부터 받아야 할 도움을 외부로부터 구하는 일이 없기 때문에 또래 집단에 대한 의존율 역시 매우 낮은 것으로 드러났다. 여러 가지 교육 방식 중 균형 잡힌 교육 방식을 가장 추천하는 데는 그만한 이유가 있는 것이다.

7장

일곱 번째 비법

자녀 관찰

외부 영향을 검토하여 문제가 될 상황을 예방하라

01

관찰은 성공적인 자녀 교육에 필수다

__ 사생활을 침해하는 관찰은 하지 마라

우리 사회에는 자녀를 성공적인 한 사람의 성인으로 키우기 위해 우리가 들인 모든 노력과 수고를 한꺼번에 물거품으로 만들어 버릴 수 있는 위험 요소가 수없이 존재한다. 그렇다면 이러한 위험 요소를 어떻게 사전에 제거할 수 있을까? 자녀를 관찰하는 것이 그 전제 조건이 될 수 있다.

그렇다면 도대체 어떻게 해야 효과적으로 자녀를 관찰할 수 있을까? 자녀를 관찰한다는 것은 자녀가 언제, 어디서, 누구와, 무엇을 하는지 살펴보는 일이다. 그러기 위해 가장 좋은 방법을 꼽는다면 자녀에게 질문하기 또는 자녀의 친구들과 그 친구들의 부모에게 질문하기 등이 있다.

특히 자녀를 관찰하는 방법 중 가장 좋은 것은 자녀가 스스로 당신에게 어떠한 일이 일어나고 있는지 말하는 것인데, 그 전제 조건이 되는 것은 자녀와의 유대 관계다. 지나친 간섭이나 관찰은 오히려 자녀 교육에 역효과를 낼 수도 있다. 특히 십대 자녀는 자신의 사생활이 침해받고 있다고 느끼게 되면 반항심이 더욱 거세져 부모의 뜻에 반하는 위험한 일을 벌일 수도 있다. 부모의 간섭 때문에 시작된 자녀의 반항이 결국에는 부모와 자녀 사이를 멀어지게 하는 것이다.

__ 간섭쟁이 부모 확인법

그렇다면 당신이 자녀의 사생활을 극도로 간섭하는 부모인지 아닌지 어떻게 판단할 수 있을까. 다음의 질문을 읽고 자신의 행동과 일치하는 것이 있다면, "네" 또는 "아니오"로 답한 다음 설명을 주의 깊게 읽어 보자.

- **자녀가 알아서 하고 있는 일에 참견하고 있지 않은가?** | 자녀가 숙제를 잘 제출하고 있는데, 당신이 계속해서 숙제는 언제까지인지, 다했는지 묻는 경우가 이에 해당한다. 자녀를 관찰하는 방법도 자녀에 따라 달라야 한다. 자녀가 자신이 해야 할 일을 알아서 한다면, 너무 닦달하듯 캐물을 필요는 없다. 하지만 책임감도 느끼지 않은 채 그 일을 하지 않는다면, 그 일을 마쳤는지 당신은 매일 확인할 필요가 있다.

- **자녀의 문제를 대신 풀거나 자녀의 일을 대신해 주고 있지는 않은가?** | 고등학생인 자녀의 옷장 속을 검사하거나 자녀가 도움을 요청하지 않았는데도 그 대처법을 말해주는 일이 여기에 포함될 수 있다. 특히 십대들

은 자신의 일을 스스로 결정하거나 처리하고 싶어 하는 경우가 많다. 4장의 〈사랑의 규제표〉를 활용하여 자녀가 하는 일에 나서야 할 지, 물러서야 할 지를 결정하자.

- **자녀의 프라이버시를 이유없이 침해하고 있지는 않은가?** ｜ 자녀의 전화 통화를 엿듣는다거나, 이메일을 몰래 읽는다거나, 노크도 하지 않고 불쑥 방문을 열고 들어간다거나 하는 것이 여기에 포함된다. 당신이 전혀 상관할 필요가 없는 일이나 자녀가 관여하기를 원치 않는 일까지 상관하는 것 등도 여기에 포함될 수 있다.

- **자녀의 놀이를 방해하고 있지는 않은가?** ｜ 어린 자녀에게 이것저것 지나치게 많은 지시를 내리거나 별다른 이유 없이 갑자기 놀이를 중단시키는 경우를 말한다. 이러한 행위는 어린 자녀들의 학습 능력 발달에 부정적 영향을 끼칠 수 있다.

- **자녀를 잠시도 가만히 내버려 두지 않고 있지는 않은가?** ｜ 아무리 어린 자녀라도 자신만의 공간에서 혼자만의 시간이 필요하게 마련이다. 물론 자녀가 안전한지 지켜볼 필요는 있다.

- **옷차림, 친구, 숙제, 활동 등을 불필요하게 감시하고 있지 않은가?** ｜ 십대들은 이러한 일들을 개인적인 취향에 따라 결정할 문제라고 생각한다. 자녀의 안전을 위협하는 행위만 아니라면, 이러한 문제는 자녀의 선택에 맡기는 것이 좋다. 서로 의견이 상반된다면, 무조건 "안 돼"라고 말하기보다 합의점을 찾는 것도 좋다. 만일 자녀가 하고 싶어 하는 일이 4장의 〈사랑의 규제표〉에 나온 것에 해당되지 않는다면 허락해 주어도 좋을 것이다.

- **통제형 교육 방식을 사용하고 있지는 않은가?** ｜ 균형 잡힌 교육 방식을 실천하도록 노력하자.

- **심리적으로 자녀를 조종하고 있지는 않은가?** │ 당신은 무의식중에 자녀를 심리적으로 조종하는지도 모른다. 심리적 조종에 대한 설명을 살펴보고, 이러한 경우가 발생하지 않도록 노력하자.

02

또래 집단이 자녀에게 끼치는 영향

__ 또래 집단의 영향력이 강해지고 있다

성공적인 자녀 교육을 결정짓는 마지막 요소는 바로 '우리 자녀가 누구와 소통하고 있는가?' 라는 것이다. 오늘날 당신의 자녀들은 핸드폰이나 인터넷을 통해 또래의 다른 아이들과 소통을 하고 있다. 그래서 많은 전문가는 이러한 소통의 용이성으로 인하여 또래 집단의 영향력이 예전보다 훨씬 더 강해졌음을 지적한다.

특히 이미 보편화된 문자 메시지는 이제 자녀들이 직접 상대방과 대화하지 않고도 소통할 수 있는 도구가 되었다. 재미난 것은 직접 대화하는 것보다 글로 대화하는 방법이 개인적으로 하기 힘든 말을 하게 하여 후회할 상황을 가져올 확률이 높다는 것이다. 또 하나 우려할 점은 문자 메시지를 하는 동안은, 부모의 말을 듣지 않는 것은 물론 자녀가 다른 것을 할 시간을 빼앗는다는 것에 있다. 따라서 문자 메시지를 금지하거나 줄이는 것은 자녀 교육에 있어 도움이 된다. 그러면 이제 자녀가 또래 집단과 어떠한 영향을 주고받는지 살펴보자.

__ 또래 집단의 영향에서 자녀를 보호하라

또래 집단이란 비슷한 연령 또는 비슷한 성숙 수준에 있는 아이들을 일컫는 말이다. 따라서 또래 집단의 압력이란 비슷한 또래의 아이들이 다른 아이들에게 압력을 행사해 어떤 행위를 하게 함을 뜻한다. 그렇다면 또래 집단의 압력이 가장 큰 영향력을 발휘하는 이유는 무엇일까? 실제로는 아무런 압력을 가하지 않았는데도 다른 아이들의 행동을 모방하고 싶은 자녀의 심리 상태가 그 이유라고 할 수 있다.

또래 집단은 집단 내의 모든 아이에게 평범한 것과 멋진 것에 대한 기준을 제시한다. 아이들은 혼자 있을 때는 절대로 안 된다고 생각한 일도 다른 아이와 함께 있을 때는 괜찮다고 생각한다. 치마를 잘라 민망할 정도로 짧은 미니스커트로 만들어 입는 것이 대표적이라 하겠다.

그렇게 되면 점차 평범한 아이들도 규칙에 어긋난 행동을 일삼는 아이들과 자신을 동일시하여 머리를 붉은색으로 염색하거나 슈퍼에서 물건을 훔치는 것을 대수롭지 않게 여길 수 있다. 그러나 또래 집단의 압력이 항상 나쁘게 작용하는 것은 아니다. 아이들은 좋은 습관과 생각을 가진 또래와 함께 있을 때는 문제아에서 올바른 생각을 가진 아이로 거듭나기도 한다.

그렇다면 또래 집단의 영향력으로부터 자녀를 보호하기 위해서 당신이 해야 할 일은 무엇일까? 우선 자녀가 가진 현실 감각을 점검해보는 것이 필요하다. 어렵게 들리겠지만, 이것은 약물이나 범죄와 같은 나쁜 행동이 얼마나 부정적 영향을 끼치는지 그리고 건전하고 훌륭한 사고 방식을 가진 사람은 이러한 실수를 저지르지 않는다는 것을 알려 주는 것을 의미한다.

또 다른 방법은 부모와 자녀 사이의 유대 관계를 강화하는 것이다. 부모와 친밀한 관계를 유지하는 자녀는 또래 집단의 압력을 받더라도 부모에게 상담을 하거나 조언을 구하며, 부모가 제시하는 의견을 존중하기 때문이다.

또래 집단이 주는 압력의 다른 유형으로는 놀림을 당하거나 무시당하거나 나쁜 일을 하도록 협박받는 것이 있다. 이러한 일을 예방하기 위해서는 자녀와 함께 자신의 이야기를 할 수 있도록 편안한 대화 시간을 가질 필요가 있다. 아울러 당신은 자녀에게 정중하지만 강한 어조로 "안 돼"라고 말하는 법을 가르쳐, 이러한 압력을 견뎌내는 연습을 시킬 필요가 있다. 그러면 또래 집단으로부터 나쁜 일을 하도록 협박을 받더라도 거절할 수 있게 된다.

대개 자녀는 또래와 생활을 하게 되면 다른 아이에게 인정을 받을 필요성을 느끼게 된다. 바로 그때부터 자녀의 친구들은 자녀의 자아 형성과 학교 생활에 매우 중요한 역할을 하게 된다. 그런데 정작 아이들 세계에서 인정받는 법은 성인들의 세계와는 다르다. 아이들은 위험한 일에 도전하거나 옷을 특이하게 입거나 부모와는 다른 의견을 가진 아이를 하나의 독립된 개체로 인정한다. 바로 이러한 점 때문에 우리는 자녀의 친구가 어떤 아이인지에 대해 그토록 신경을 쓰는 것이다.

__ 좋은 친구를 사귀게 하자

자녀는 같이 노는 친구들에게 인정을 받고 싶어 한다. 그래서 때때로 친구들과 어울리기 위해서 친구들의 행동을 따라하게 된다. 따라서 당신은 자녀에게 좋은 영향을 끼칠 수 있는 친구와 사귀도록 할 권리와 의무가 있다. 하지만 사실 그런 친구란 별 게 아니다. 학교에서 사고를 치거나 무례하거나 불법적인 일에 연루되지만 않으면 된다.

그렇다면 자녀가 새 친구를 사귀도록 도와주는 방법에 대해 살펴보자. 우선 자녀의 친구를 집에 초대해 식사를 함께 한다. 만일 자녀들이 원치 않는다면 친구의 부모에게 전화해서 서로 알고 지내자고 제의할 수도 있다. 그리고 학급에서 실시하는 여러 가지 활동에 참가시키는 것도 자연스럽게 다른 친구를 사귀게 하는 방법 중 하나이다.

만약 자녀가 친구를 만드는 것을 어려워한다면, 당신은 자녀가 자녀의 친구와 노는 모습을 살펴볼 필요가 있다. 그러다 놀이를 어렵게 만드는 요소를 발견한다면 조용히 말을 건네라. "엄마가 지켜봤는데 친구한테는 왜 차례를 안 주니, 그렇게 하면 친구가 재미없어 하잖아. 다음 번에 놀러 오지 않아도 엄마는 몰라"라고 말해 주거나, 직접 자녀의 친구에게 차례를 주어 자녀가 지켜보게 하는 것도 좋다. 그리고 친구들에게 기분 나쁜 말을 하거나 친구를 놀리거나 골탕 먹이거나 차례를 지키지 않거나 자신이 이기지 못하면 놀이를 중단하는 것과 같은 행동을 보이면 자녀의 행동을 교정해 줄 필요가 있다.

그렇다면 만약에 자녀가 다른 아이로부터 친구가 되는 것을 거절당했다면 어떻게 해야 할까? "너처럼 착하고 재미난 아이를 친구로 삼기 싫어하다니, 정말 안타깝구나"라고 말해서 우선 자녀의 기분을 풀어 준다. 그런 다음 그러한 일은 누구에게나 일어날 수 있음을 가르쳐 준다. 그리고 앞으로 너는 다른 좋은 친구를 많이 만날 것이며, 엄마·아빠는 항상 너의 곁을 떠나지 않을 것이라고 말해 준다. 그러고 나서 친구를 사귀는 데 도움이 될 만한 행동에는 어떤 것이 있는지 알려 준다.

__ 친구들과의 시간을 관찰하라

십대가 되면 자녀에게는 가족과 보내는 시간보다 친구들과 보내는 시간이 더욱 중요해진다. 이러한 현상은 일반적인 것이므로 그 자체에 크게 신경 쓸 필요는 없다.

그렇다고 해서 우선 순위가 무시되어야 하는 것은 아니다. 친구도 중요하지만, 학교 생활과 가족 활동도 아주 중요하다는 것을 말해 줄 필요가 있다. 가능하다면 자녀의 친구를 가족 활동에 참여시키는 것도 좋다. 이를 통해 부모는 자녀의 친구에 대해 더욱 잘 알 수 있고 자녀는 친구를 만나는 즐거움을 빼앗기지 않아도 되기 때문이다.

그런데 만약 자녀가 친구와 함께 지내는 데 지나치게 많은 시간을 할애하거나 친구의 의미를 지나치게 강조한다면 친구와 보내는 시간을 규제하는 것이 좋다. 그리고 다음과 같은 경우에도 마찬가지로 규제가 필요하다.

- 부모를 피한다.
- 숙제할 시간, 집안 일을 도울 시간이 전혀 없다.
- 친구와 함께 있기만을 원해 부모와 함께 있자고 하면 짜증을 낸다.

- 태도와 행동이 이상해지고 점점 무례해지고 있다.
- 또래 집단에 합류하기 위해서라면 무슨 짓이든 할 것만 같다.

만약 이러한 상황이 발생하고 있다면 솔직하게 이야기를 나누는 시간을 갖고 관계를 강화하기 위해 함께 보내는 시간을 늘리도록 노력한다. "요즘 너를 보면 좋지 않은 방향으로 변하고 있는 것 같아서 불안하구나. 무슨 일 있니? 엄마·아빠는 네가 친구보다는 네 자신과 가족이 먼저라는 사실을 알아 줬으면 해"라고 넌지시 말을 거는 것도 좋은 방법이다.

그리고 나서 친구들과 함께 보내는 시간을 왜 줄이려 하는지 설명해 준 다음, 앞으로 자녀가 해야 할 일들에 대한 계획을 짜준다. 행동 규제를 통해 계획을 실행하도록 하는 것이다. 가령, 자녀에게 학교를 마치면 곧장 집에 오라고 말하며, "전화했을 때 전화를 받지 않으면, 이번 주말에는 외출금지야"라고 말하는 것이다. 이렇게 말한 다음 직접 확인하거나 다른 사람을 통해 확인하도록 한다.

__ 친구가 부정적 영향을 끼치는지 확인하고 대처하라

친구를 사귄 지 얼마 되지 않아 부모가 자신의 친구에 대해 판단을 내리려 하면, 자녀는 거부감을 드러내고 화를 내게 마련이다. 그러니 처음 몇 번은 자녀와 친구들이 노는 것을 그냥 놔두는 편이 좋다.

하지만 자녀로 하여금 거짓말을 하게 하거나 당신이나 친구의 부모에게 못된 말을 하게 하거나 학업 성취도가 지나치게 낮은 친구는 자녀에게 부정적 영향을 끼칠 수 있다. 또한 자녀가 나쁜 행동을 한 후 "남들도 다 하는데, 뭐"라고 말한다면 그 말은 곧, "내가 함께 노는 친구들 중 대다수는 이런 행동을 하고 있다"라는 의미가 된다.

그렇게 되면 자녀는 자신이 깨닫지 못하고 있는 사이에 위험에 빠뜨릴 누군가와 함께 있는 것이다. 그리고 그들로 인하여 중요한 일과 평범한 일, 좋은 일의 기준이 바뀔 수도 있다. 연구 결과에 따르면 주변의 친구들이 약물 오남용이나 다른 위험한 일을 하는 경우, 함께 있는 아이들 역시 똑같은 일을 저지를 확률이 높다고 한다. 따라서 자녀의 친구들이 불법적인 일이나 비도덕적인 일을 저지르고 있다면, 자녀에게 새로운 친구들을 찾도록 해주어야 한다.

그리고 만약 자녀가 어떤 친구와 거리를 둘 필요가 있다고 생각했다면 실행에 옮겨라. 물론 자녀 스스로 친구들에 대한 생각을 바꾸도록 하는 것이 가장 바람직할 테지만, 그렇게 되지 않는다면 자녀에게 자신이 염려하는 것이 무엇인지 말할 필요가 있다. 여기서 중요한 것은 당신의 관심이 자신들을 이롭게 한다고 믿게 하는 일이다.

그러한 믿음이 전제되었다면, 자녀에게 친구의 나쁜 행동에 대해 다음과 같이 이야기하라. "수정이가 다른 친구들에게 못되게 굴더구나. 그건 정말 나쁜 일이야. 엄마·아빠 생각에는 수정이가 그런 식으로 다른 사람들의 관심을 끌고 싶은 모양인데, 수정이가 착해지지 않는다면 네 친구로는 곤란하겠더구나"라고 말이다

그리고 자녀가 나쁜 친구들과 어울릴 시간이 없도록 만드는 것도 한 가지 방법이다. 시간표를 바꾸거나 다른 일로 바쁘게 만드는 것이다. 자녀의 활동을 잘 관찰하면 자녀가 나쁜 친구로부터 받을 수 있는 부정적 영향을 줄일 수 있을 것이다.

그런데 여기서 주의할 것이 있다. 갑자기 다른 친구들과 어울리지 못하게 할 때는 타당한 이유가 있어야 한다는 것이다. 특정 친구와 어울리는 일이 4장의 〈사랑의 규제표〉에서 규제하고 있는 사항에 해당한다면, 친구와의 교제를 금지할 만한 타당한 이유가 될 것이다. 자녀의 안전을 위협하거나 도덕성과 예의범절을 위반하거나 자녀에게 장기적인 관점에서 문제를 일으킬 확률이 높은 경우가 이에 해당한다. 자녀가 나쁜 친구와 어울릴 경우, 예의범절이 점점 없어지고 무책임해지거나, 음주나 약물 오남용, 도박, 퇴학 같은 문제를 아무렇지 않게 생각할 수 있기 때문이다.

만약 자녀가 특정 친구와 어울리는 것을 금지하기로 결정했다면, 자녀에게 당분간 그 친구를 만나지 못하게 할 것이라고 말하라. 이유는 자녀를 사랑하고 아끼기 때문이라고 설명하면 충분하다. 그리고 자녀에게는 친구가 기분 나쁘지 않도록 이야기하는 법을 가르쳐 준다. "엄마가 그러시는데, 우리 당분간 만나지 않는 게 좋겠대. 엄마 말씀을 듣지 않으면 나 정말 혼날지도 몰라"와 같이 말이다. 그 대신 자녀에게는 다른 사람들을 만나 더욱 즐거운 시간을 갖도록 해주어야 한다. 그런데 만일 특정 친구와 어울리지 말라는 당신의 말에 화를 낸다면, 자녀는 이미 나쁜 길에 접어들었을 가능성이 크다.

학교 폭력에 대처하라

학교 폭력이란 학교 내에서 한 명의 아이나 또래 집단이 다른 아이를 육체적·감정적으로 상처를 주겠다고 협박하거나 실제로 상처를 입히는 경우를 일컫는다. 물론 단순한 놀림은 심각한 사태로까지 이어지지 않겠지만, 학교 폭력은 실제로 자녀를 다치게 하거나 사망하게 하는 심각한 사태로 이어지기도 한다.

보통 그룹에서 우두머리로 여겨지는 아이들은 약해 보이는 아이들에게 협박과 시비를 일삼으며 자신의 힘을 과시하곤 한다. 그런 아이들은 대개 분노로 가득 차 있거나 불안한 심리 상태에 놓여있거나 남들의 이목을 끌고 싶어 하는 경향을 보인다. 가정 내에서의 애정 결핍이나 관심 부족을 그런 식으로 상쇄받고 싶은 욕구 때문이다. 그리고 이러한 학교 폭력은 주로 학생들에 대한 감시가 소홀한 우범지대에서 발생한다.

학교 폭력에 피해를 입은 아동은 우울증에 걸리거나, 반사회적 성향을 가지게 될 확률이 높다. 따라서 당신은 학교 폭력에 대한 진실을 제대로 알려 주고 자녀를 보호할 필요가 있다. 만일 자녀의 친구로부터 폭력서클의 우두머리가 자녀를 노리고 있다는 이야기를 듣는다면 지체 없이 조치를 취해야 한다. 그리고 모든 위험 요소가 완전히 사라졌다고 느껴질 때까지 자녀를 학교에 보내지 않는 게 낫다.

그런데 아이들은 학교 폭력에 시달리더라도 전혀 내색을 하지 않는 경우가 많다. 그래서 부모들은 이러한 상황에 대해 눈치 채기가 힘들다. 이들이 학교 폭력에 시달리는 것을 숨기는 이유는 대개 자신의 탓으로 여기거나 학교 폭력을 두려워하거나 학교 폭력에 시달린다는 사실을 부끄러워 하기 때문이다.

만일 자신의 자녀가 학교 폭력에 시달리고 있는 것이 확실하다면, 이런 부당한 일이 벌어지는 것이 절대로 자녀의 잘못이 아니며, 자녀가 이러한 대우를 받을 이유가 없다는 것을 알려 줘야 한다. 그리고 선생님이나 학교장과 면담하여 아무 일도 없게 하겠다고 안심시킨다. 어쩌다가 그런 일에 관계되었냐고 자녀를 몰아붙여서도 안 된다. 물론 선생님이나 상대 학생의 부모 등을 만나 즉각적으로 조치를 취해야 하는 것도 잊지 말아야 할 것이다.

03

대중매체가 자녀에게 끼치는 영향

__ 대중매체의 폭력성과 공격성은 학습된다

대중매체는 전 세계 곳곳으로 정보와 볼거리를 실어 나른다. 텔레비전, 영화, 잡지, 뮤직비디오, 비디오 영상물, 신문 속의 뉴스, 인터넷, 책, 광고, 컴퓨터 게임, 전화, 만화, 라디오, CD, DVD 등이 그에 포함될 수 있겠다.

그리고 이런 대중매체는 과거에 비해 위험한 방식으로 진화하고 있다. 오늘날 대중매체에서는 과거보다 더 많은 폭력과 성 행위 장면, 약물 오남용, 테러리즘이 묘사되고 있다. 게다가 아이들이 점점 대중매체를 접하는 시간이 많아지다 보니 자녀들에게 강한 영향력을 끼치고 있다.

그런데 성인들과 달리 아이들은 자신이 매체를 통해 보고 느끼는 것이 실제 현실이라고 믿는 경향이 있다. 매체에서 보이는 그대로를 믿는 것이다. 그리고 아이들은 화면에서 본 배우들의 생활이 자신의 일상생활에서도 그대로 이루어지기를 바란다. 대중매체에 노출 정도가 높은 아이일수록 문제 행동을 일으킬 확률이 높은 이유가 바로 여기에 있다. 연구 결과에 따르면 폭력 행위를 목격한 아동은, 그렇지 않은 아동에 비하여 공격성과 폭력성을 드러낼 확률이 훨씬 높다고 한다.

하지만 폭력적이고 공격적인 사람이라고 해서 실상 태어날 때부터 그러한 성격을 갖고 태어난 것은 아니다. 어린 시절에 폭력에 노출되는 빈도가 잦고 폭력이 문제 해결을 위해 좋은 방법이라는 생각을 하게 될수록, 폭력적으로 변하는 것이다. 그리고 현실에서건 가상에서건 폭력적인 장면에 자주 노출된 아이는 폭력에 대해 점점 무더진다. 심리학자들은 이런 현상에 대해 심각한 우려를 나타낸다. 사회 구성원이 폭력에 무더질수록 폭력은 더 큰 폭력을 불러일으키기 때문이다.

어린 자녀, 특히 8세 미만의 아동은 현실과 가상 세계를 구별하지 못하는 경향이 있다. 게다가 폭력에 노출되는 시기가 빠를수록 그 아이는 폭력에 대한 공포를 더욱 크게 느낀다고 한다. 전 연령대의 아이들에게 폭력이 난무하는 영화를 보여 주고 나서 일정 시간이 흐른 다음 이를 회상하게 했을 때, 이들이 기억하는 것은 영화의 스토리가 아니라 폭력적인 장면뿐이었다는 것은 대중매체의 폐해를 극단적으로 보여준다 하겠다.

그럼에도 불구하고 텔레비전 프로그램이나 영화에는 선정적이고 폭력적인 내용이 많다. 주인공이 무기를 소지한 장면은 이제 특이할 것이 없는 장면이 되었다. 오히려 더욱 강해 보인다. 폭력적인 사람이 처벌되는 경우는 거의 드물며, 착한 주인공 역시 등장 시간의 절반 가량을 폭력적인 언행으로 채운다. 아이들은 이런 장면을 통해 자신을 지키기 위해서는 폭력 사용도 정당화될 수 있다고 믿게 된다.

또한 뉴스를 보는 것만으로도 자녀는 강한 공포감과 수면 장애, 악몽에 시달릴 수 있다. 따라서 사회나 가정에서 안 좋은 일이 생겼을 때는 가급적이면 자녀에게 알리지 않는 것이 좋다. 그리고 수업이나 일상생활을 통해 자녀에게 안정감을 줄 필요가 있다. 전 세계를 공포에 몰아넣는 일이 발생했다고 할지라도, 자녀에게는 이를 간단히만 언급하고 부모가 항상 곁에 있을 테니 걱정하지 말라고 자녀를 안정시킬 필요가 있다.

__ 선정적인 장면이 자녀들에게 끼치는 영향

대중매체의 선정성 논란은 하루 이틀의 일이 아니다. 그렇다면 키스 장면, 성 행위를 암시하거나 실제의 성교 장면, 애무를 암시하거나 실제로 애무하는 장면에 아이들은 얼마나 노출되어 있을까? 미국에서 아동 한 명이 일 년 동안 텔레비전으로 시청하는 선정적인 장면이 무려 14,000회에 달한다고 한다. 대중매체에서는 성 행위를 일반적인 것으로 다루는 반면, 이에 대한 위험성은 전혀 다루고 있지 않다. 필자가 상담을 한 열두 살 아동은 텔레비전을 보고 성 행위를 해야만 할 것 같은 느낌이 들었으며, 자신을 제외한 이 세상 모든 사람이 성 행위를 하고 있는 것 같다고 말했을 정도다.

따라서 당신은 십대 자녀들이 성에 대해서 가장 쉽게 접할 수 있는 경로가 바로 대중매체라는 사실에 관심을 둘 필요가 있다. 그리고 자녀에게 성교육을 해야 할 의무가 있다는 것을 알아야만 한다. 만약 이를 실행하지 않는 부모가 있다면, 그 부모는 대중매체에 그 책임을 떠넘기고 있는 것이다. 언제, 어디서, 누구와 함께 성 행위를 할 것이며, 피임을 할 것인지 말 것인지, 이로 인해 생길 수 있는 여러 가지 부작용에 관한 자녀들의 궁금증에 답해 주는 일까지도 말이다.

당신이 아무리 설명해도 아이들은 자신의 눈에 보이는 것이 진실이라고 믿는 경향이 있다. 이러한 대중매체의 선정성과 아이들의 호기심이 맞물리면 건전하지 못한 사고와 행동을 불러오는 것은 불 보듯 뻔한 일이다. 한 연구 조사 결과에 따르면 선정적인 콘텐츠에 일찍 노출된 아동일수록 이른 시기에 여러 명의 상대와 성 행위를 경험할 확률이 높다고 한다.

또한 자신의 또래들이 성 행위를 하고 있다고 믿을 확률이 높다고 한다. 또래 집단에서 그러한 일이 벌어지고 있다고 믿는다면, 자신도 그러한 일을 할 확률이 높아지는 것은 당연하다. 이렇게 잘못된 방법으로 성에 눈을 떠서 청소년기에 성 행위를 경험하면 성병에 감염되거나 미혼모가 될 확률이 높다.

게다가 대중매체에서 등장하는 성적 매력이 넘치는 여성들을 자주 접하는 여자 아이들은 성적인 매력을 갖추는 것이 곧 사회적 성공과 긴밀한 관계를 가지고 있다고 믿게 될 확률이 높다. 그리고 대중매체에서 근육질의 남성들을 보고 자란 남자 아이들도 넓은 가슴과 발달된 복근을 갖추는 것이 인생을 더욱 행복하게 한다고 믿게 될 확률이 높다.

따라서 부모는 자녀에게 행복과 외모는 아무런 관계가 없다는 것을 말해 줄 필요가 있다. 만일 자녀가 대중매체에서 비춰지는 왜곡된 여성성과 남성성을 진실로 착각하고 있다면 몸매야 어떻건, 건강한 식

습관과 적절한 운동을 하고 있다면 우리는 살아가는 데 충분한 에너지를 얻고 행복한 삶을 살아갈 수 있으므로 학교 공부와 음악, 운동, 취미, 교우 관계, 신념과 가족에 집중하라고 말해야 한다.

__ 대중매체로부터 자녀를 보호하라

그렇다고 대중매체의 부정적 영향으로부터 자녀를 보호할 방법이 없는 것은 아니다. 교육용 프로그램과 아이들에게 건전성이 보장된 프로그램에 한하여 하루에 한두 시간 정도로 텔레비전 시청을 제한하는 것이다. 이러한 기준은 청소년에게도 마찬가지다. 하지만 교육적 프로그램이나 매체도 폭력적이고 선정적인 내용이 포함되어 있을 수 있으므로 사전 확인이 반드시 필요하다.

유아기부터 청소년기까지 전 연령의 방에 텔레비전과 컴퓨터를 두지 않는 것도 한 가지 방법이다. 방에서 컴퓨터와 텔레비전을 사용하게 되면, 무엇을 얼마나 보는지 관리 감독하기가 어려워지기 때문이다. 이와 함께 2세 이하 아이는 텔레비전 시청을 금하는 것이 좋다. 그 연령대의 아이들은 두뇌 발달을 위한 대화나 놀이, 노래, 독서 등과 같은 다양한 활동을 경험해야 한다.

그렇다면 본격적으로 자녀를 대중매체로부터 보호할 수 있는 실천 방법을 알아보자.

01 | 자녀와 함께 보고 듣기

자녀와 함께 텔레비전을 보면서 자녀에게 보고 들은 것에 대해 무엇을 생각하고 어떻게 느꼈는지 물어본다. "저렇게 첫 눈에 반하는 사랑이 가능하리라고 생각하니?"와 같이 말이다. 자녀의 대답을 들은 다음 당신은 자신의 생각을 이야기한다. "엄마·아빠가 생각하기에는 서로 잘 모르는 두 사람이 한눈에 사랑에 빠지기는 어려울 것 같아. 매력을 느낄 수야 있겠지. 하지만 서로 행복할 수 있는지는 오랜 시간을 두고 봐야 알 수 있는 거란다"나 "서로 잘 알지도 못하면서 같이 잠을 자다니, 요즘 영화들은 하나같이 왜 이런지 모르겠어", "여자들한테 둘러싸여 노래 부르는 저 남자 정말 꼴불견이로구나. 저런 여자 아이들은 스스로를 소중히 여길 줄 모르는 거야"라고 말이다.

02 | 자녀가 폭력을 선호하지 않는지 살펴보기

어린 아이들은 모방의 천재다. 따라서 자녀들에게 폭력적인 행동으로 스릴을 얻거나 영웅시되는 것과 같은 모습을 보여 주는 것은 매우 위험하다. 자녀가 화가 났을 때 텔레비전이나 컴퓨터 게임에서 본 것처럼 행동하려 한다면, 폭력이 아니라 침착하게 대화를 하거나 협상을 하는 방법을 가르쳐야 한다.

03 | 자녀와 함께 음악 듣기

랩이나 힙합, 헤비메탈 음악에는 다른 분야의 음악 가사에 비하여 여성 비하나 음주, 약물 오남용과 같은 부정적인 요소와 폭력적이며 선정적인 요소가 많이 포함되어 있다는 통계 결과가 있다. 조사 결과 랩을 많이 듣는 여자 아이는 그렇지 않은 여자 아이들에 비하여 교사에게 반항할 확률이 세 배 이상 높으며, 범법 행위를 저지르거나 조기성 행위를 경험할 확률도 매우 높은 것으로 드러났다. 그리고 헤비메

탈을 즐겨 듣는 아이는 그렇지 않은 아이에 비하여 음주, 흡연, 약물 오남용, 시험에서의 부정 행위, 무단 결석, 조기 성 행위, 절도에 연루될 확률이 높은 것으로 드러났다. 그러므로 자녀가 듣는 음악의 종류를 확인해 보고 위험해 보이는 장르가 있으면 다른 장르의 음악을 권하고 흥미를 붙이도록 도울 필요가 있다.

04 | 게임 시간 제한하기

요즘 아이들은 게임을 하는 데 많은 시간을 허비한다. 우리의 뇌는 새로운 경험을 받아들이고 아동기까지 그 발달을 지속한다. 그런데 아동기에 받아들이는 경험이 게임에 한정되면 의사 결정 기능이나 의사 소통 기능, 문제 해결 능력, 창조력 발달이 지연된다. 그리고 기본적으로 아동기에 발달하지 못한 뇌의 기능은 영구히 그 기능을 발휘할 수 없게 된다.

그렇다면 게임을 하는 아이를 관리 감독하기 위해서는 어떤 방법이 있을까? 우선 컴퓨터는 모든 사람들이 활동하는 거실에 두는 것이 가장 좋다. 자녀가 하고 있는 게임의 종류와 시간을 관리 감독하기에 가장 좋기 때문이다.

또한 청소년 사용가 판정을 받은 게임에도 폭력적인 요소와 선정적인 요소가 많다. 만약 이러한 것들을 직접 확인하고 싶다면, 아이가 하는 게임을 같이 하는 것도 한 가지 방법이다. 그러면서 게임과 현실의 차이점에 대해서 이야기해 주는 것도 좋다. 가령, 게임에서처럼 현실에서 다른 사람의 캐릭터를 공격한다면 누군가를 크게 다치게 하거나 고통을 주게 될 것이라고 말이다. 그리고 옷을 거의 벗은 듯한 여자 캐릭터가 등장하면, "지금껏 살아오면서 한 번도 저런 식으로 옷을 입은

사람을 본 적이 없는데, 저 여자는 정말 비현실적인 것 같구나"라고
말한다.

그리고 만일 자녀가 사람이나 동물을 협박하거나 다치게 하는 것과
같은 공격성을 나타내거나 폭력적인 장면을 재현하거나 폭력적인 게
임 캐릭터처럼 이야기하기 시작했다면, 집에 있는 게임 CD와 컴퓨터
를 모두 치워야 할 때가 온 것이다.

05 | 인터넷 주의보

많은 아이들이 학교 숙제를 할 때 인터넷을 활용하고 있다. 그러나
이런 학생들 중 과반수가 자신들이 어떤 웹사이트를 검색하였는지 부
모들이 모르고 있다고 대답을 했다. 그리고 십대 청소년 중 3/4에 해
당하는 청소년들이 인터넷을 통해 포르노를 본 경험이 있다고 한다.
어쩌면 내 아이가 인터넷상에서 내 신용카드로 쇼핑을 하거나 도박을
하거나 불법 다운로드를 받고 있는지도 모른다. 또한 자녀들은 인터
넷을 통하여 성에 대한 잘못된 정보를 접하기도 한다.

따라서 부모들은 자녀가 인터넷을 사용하는 시간과 방문하는 사이
트를 규제할 필요가 있다. 인터넷을 사용할 때는 자신의 방이 아닌 거
실에서 사용하게 하여 부모가 그 내용을 검토하고 자녀 안전 지킴이
와 같은 프로그램과 팝업 차단 기능을 사용하는 것이 좋다. 아울러 절
대로 남들에게 개인 정보를 알려 주거나 사진을 전송해서도 안 된다
는 것을 주지시켜야 한다. 요즘은 전화번호만으로도 누가 어디에 사
는지 알아낼 수 있기 때문이다.

채팅도 금지하는 것이 좋다. 위험한 사람과 이야기하게 될 수도 있
기 때문이라고 설명해 주는 것은 필수다. 만약 가정에서 부모가 관심

과 애정을 듬뿍 쏟는다면, 자녀들이 낯선 사람의 유혹에 넘어가는 일
은 결코 일어나지 않을 것이다. 동호회나 블로그 역시 자녀들의 시간
을 허비하게 한다. 만약 자녀가 인터넷 사용 시간을 준수하지 않는다
면, 최후에는 컴퓨터 사용을 금지해야 할 것이다.

06 | 도박의 위험성 알려 주기

자녀에게 도박의 위험성에 대해서도 알려 줄 필요가 있다. 요즘 세
상에는 어린이들까지도 인터넷 도박에 중독되기 때문이다. 도박에 중
독된다는 것은 한 번 빠지면 절대로 헤어 나올 수 없는 늪에 발을 들여
놓은 것과 같다. 십대 청소년들의 5%가 이미 도박으로 인한 문제를 겪
고 있는 것으로 알려져 있다.

07 | 광고의 진실 알려 주기

많은 어린이들이 텔레비전 광고에 현혹되어 건강하지 못한 식습관
을 가지거나, 비만, 당뇨 등의 성인병에 시달린다는 조사가 발표된 적
이 있었다. 게다가 스포츠 광고는 폭력성 때문에 문제가 된다. 따라서
눈에 보이고 귀에 들리는 것에 현혹되지 않도록 가르칠 필요가 있다.

__ 대중매체의 영향을 받지 않는다는 자녀들의 주장에 대하여

자녀들은 흔히 자신들이 대중매체에 영향을 받지 않는다고 주장한
다. 하지만 연구 결과를 보면 대중매체는 대부분 자녀의 정신 건강에
부정적 영향을 미치는 것으로 나타났다. 그러므로 현명한 부모라면

자녀들이 대중매체로부터 받게 될 영향을 가급적 줄이려 노력할 필요가 있다. 그리고 자녀에게 무언가 한 가지를 금지하면, 이를 대체할 만한 다른 즐거움을 제시해 주는 것이 좋다.

요즘 아이들은 대중매체에 무방비 상태로 노출되어 있어 때로는 아이들을 기르는 것이 부모가 아니라 텔레비전, 영화, 컴퓨터, 휴대폰, 게임 등과 같은 대중매체가 아닌가 하는 생각이 들 정도이다. 화면에 비춰지는 선정성과 폭력성이 부모에게는 아무렇지 않은 가상 현실일지 몰라도 자녀에게는 행동 양식을 바꾸어 놓을 만큼 엄청난 영향력을 발휘한다.

04

술, 담배, 약물 등의 영향

__ 술, 담배, 약물에 접하는 연령이 낮아지고 있다

술을 마시고 담배를 피우기 시작하는 평균 연령이 많이 낮아졌다는 보고서가 발표되었다. 이제는 초등학생 때부터 음주와 흡연을 접한다고 하니 부모들의 특별한 관심이 필요하다.

그러기 위해서는 우선 부모부터 절제된 모습을 보여줄 필요가 있다. 아이들의 역할 모델은 부모이기 때문이다. 만약 당신이 담배를 핀다면 자신이 담배에 중독되었기 때문에 흡연을 지속하고 있는 것이며, 할 수만 있다면 끊으려는 모든 노력을 할 것이라고 자녀에게 이야기해 주어야 한다. 그리고 술을 마신다면 성인은 아이들에 비하여 주량을 조절할 수 있는 능력이 뛰어나며, 자녀에게는 성인이 될 때까지 이를 미루어야 한다고 설명해야 한다.

당신은 자녀를 유해 물질로부터 보호할 의무가 있다. 만약 당신의 자녀가 음주, 흡연, 약물 등을 일삼고 있음을 발견한다면 즉시 이를 막아야 한다. 그리고 당신이 이에 대해 얼마나 걱정하고 있는지 말을 한 후 자녀를 돕기 위해 최선을 다할 것이라는 것을 알려 줘야 한다. 행동 제한을 사용하는 것도 좋다. 하지만 그럼에도 불구하고 효과가 없을 경우, 자녀가 약물을 구하는 데 필요한 컴퓨터, 전화기, 돈, 나쁜 친구, 혼자 있는 시간 등 모든 요소를 차단하거나 없앤다.

물론 자녀는 당신의 행동 제한에 저항하며 일시적으로 짜증을 부릴 수도 있을 것이다. 하지만 이러한 순간을 통제하지 못한다면 더한 상황이 벌어질 수 있음을 기억해야 한다.

__ 외부의 다른 문제들도 세심하게 관찰하라

01 | 폭력 조직

청소년들은 어째서 폭력 조직 집단에 가입하게 되는 것일까? 대개는 소속감을 느끼고 싶거나 또래 집단의 압력을 피하기 위해서, 혹은 일상의 지루함을 탈피하기 위해서나 학업에서 느낀 좌절감을 만회하기 위해서 그리고 잘못 형성된 자아 때문일 것이다. 반면에 이러한 조직에 가입한 청소년들은 사람들의 주목, 친구와의 잘못된 우정, 돈, 존중받는 듯한 느낌, 다른 사람들의 잘못을 거침없이 지적할 수 있기 때문에 가입했다고 말한다.

하지만 이들은 여기에 가입함으로써 치르게 될 대가가 무엇인지 제대로 알지 못한다. 절도, 폭력, 강도, 살해, 집단 폭력 등으로 구속되는 것에 그치는 것이 아니라, 한 번 가입한 뒤에는 절대로 빠져나올 수 없다는 것을 깨닫지 못하는 것이다. 따라서 당신은 초등학교 때부터 자녀에게 그러한 집단에 가입하는 것이 얼마나 위험한 지를 미리 알려 줘야 한다.

만약 그것이 의심된다면, 우선 학교 생활에 아무런 문제가 없는지 살피고 자녀에게 나쁜 영향을 주는 친구들과 어울리지는 않는지 관찰해야 한다. 그리고 좋은 친구를 사귈 수 있는 분위기를 조성해 주어야 한다. 만약 현재 다니는 학교에서 자녀가 나쁜 친구들과 어울리고 있다면 이사를 고려하는 것도 좋다.

그리고 나쁜 친구들과 어울릴 여유가 없도록 당신의 보호 아래 자녀를 음악, 스포츠, 종교, 지역단체 봉사 활동, 가족 행사 등에 참석시키는 것도 좋다. 아울러 자녀의 교육을 최우선으로 고려하여 가족이 함께 미래 계획을 설계해 보는 것도 좋은 방법이다.

02 | 성희롱

내 자녀라고 해서 성희롱의 피해로부터 예외가 되리라는 법은 없다. 성희롱이란 다른 사람을 성적으로 당혹스럽게 하거나 수치스러운 감정을 느끼게 하는 말이나 행위를 일컫는다. 여기에는 몸을 더듬거나 만지거나 성적인 행동을 취하거나 성에 대한 농담을 하는 것까지 포함된다. 성희롱은 피해자에게 공포감, 우울증, 대인기피증, 성 정체성 혼란 등의 부작용을 불러일으키는 불법적인 행위이다.

그래서 아동 심리 전문가들은 부모들에게 5학년에서 6학년으로 올라가는 시기쯤 성희롱에 대해 설명해 주어야 하며 이러한 일을 겪으면 반드시 부모에게 알려야 한다고 가르치기를 권한다.

아동 성폭력은 힘없는 아이를 상대로 성인이 가진 힘을 휘둘러 자신의 욕구를 채우는 가장 잔인한 일인 동시에 이기적이고 비도덕적인 범죄이다. 최근 아동 성폭력이 점차 증가하고 있는 것은 사회적으로 큰 문제가 아닐 수 없다.

아동 성폭력 피해 어린이는 우울증에 걸리거나, 어린 아이를 대상으로 자신이 당했던 것과 동일한 범죄를 저지르거나, 다른 범죄를 저지르게 될 확률이 매우 높다. 게다가 조기 성 행위를 경험할 확률이 매우 높고, 결혼 이후에도 배우자와의 관계 유지에 어려움을 겪는 것으로 알려져 있으며, 배우자를 선택할 때도 가학적인 성향의 배우자를 선택할 확률이 높다고 한다. 아울러 아동 성범죄는 조기에 발견해 치료할수록 자녀의 정신 건강에 도움이 되는 것으로 알려져 있다.

하지만 사후약방문보다는 예방이 더 중요하다. 유아기 때부터 자녀에게 신체의 은밀한 부분에 대하여 올바른 정보를 주고 아동 성폭력의 위험으로부터 자신을 지키도록 교육을 해야 하는 것이다. 자녀의 성기를 지칭할 때는 서로 알아들을 수 있다면, 어떤 명칭을 사용하건 상관없다. 중요한 것은, 그 신체 부위는 아주 중요한 곳이므로 의사와 자녀 자신만이 만질 수 있다는 사실을 인식시켜야 한다는 점이다.

그리고 만약 그런 일이 발생하려 하거나 발생했을 경우 반드시 당신에게 말을 하도록 해야 한다. 아동 성폭력 범죄자들은 자녀의 입을 막기 위해 부모님께 사실대로 말하면 부모님이 상처받거나 미쳐 버릴 것이라고 거짓말을 한다. 따라서 반드시 사실대로 이야기를 해야 하며, 거짓말을 한다고 해도 결국 부모는 그 일을 알게 될 것이라는 것을 인지시킬 필요가 있다.

그리고 만일 자녀가 이러한 일을 털어놓는다면, 자녀를 안심시키며 "엄마·아빠는 너를 믿는다. 네 잘못이 아니야. 엄마·아빠가 너를 보호해 줄게"라고 이야기한 다음, 신속히 경찰에 신고해야 한다.

아울러 당신은 자녀 주변에 있는 모든 사람에게 경계의 눈초리를 거두어서는 안 된다. 교사, 보모, 가족 구성원, 친구 등 주변에 있는 모든 사람이 자녀에게 해를 끼칠 수 있기 때문이다. 실제로 아동 성범죄의 대다수는 낯선 사람이 아니라 아는 사람이 저지르는 것으로 나타났다. 그리고 이러한 성범죄의 대부분은 부모가 가족 구성원이나 친지, 이성 친구를 믿고 자녀를 맡기거나 혼자 두는 시간 동안 벌어진다.

그러므로 자녀를 안전하게 지키기 위해서는 절대 혼자 두어서는 안 된다. 그리고 자녀를 믿고 맡기는 경우에도 고려해야 할 점이 있다. 아이 혼자보다는 아이들 여럿이 있는 경우가, 어른 한 명의 손에게 맡기기보다는 다수의 어른이 있는 쪽에 맡기는 편이 훨씬 더 안전하다는 것이다. 보모에게 맡기는 경우에는 다른 부모들의 평을 확인하고, 보육센터나 일반 가정에 위탁하는 경우에는 주변 환경을 꼼꼼히 확인한다.

그래도 미심쩍다면 예고 없이 방문하여 자녀의 안전을 확인하는 것이 최선이다. 아울러 자녀의 표정을 수시로 살펴서 자녀가 안전하고 편안하게 지내고 있는지 확인한다.

__ 자기 방어법을 가르쳐라

부모와 충분히 대화를 나눌 수 있는 나이가 되면, 부모의 허락 없이 낯선 사람을 따라가거나 대화를 나누거나 무언가를 받거나 도와주는 일은 매우 위험한 일이 될 수 있음을 알려줘야 한다. 잘 아는 사람이 타고 있는 경우가 아니라면 절대로 낯선 사람의 차에 타지 말라고 주의를 주는 것도 잊으면 안 된다.

하지만 아이들은 경고를 했음에도 이런 상황에 놓이면 거의 기억을 하지 못한다. 그러므로 낯선 사람의 위험성에 대해 종종 일깨워줘야 한다. "공원에서 놀고 있는데 어떤 사람이 다가와서 자기 강아지를 찾는 걸 도와달래. 어떻게 해야 하지?", "학교 마치고 집에 오는데 전에 몇 번 본 아저씨가 차 안에서 네 이름을 부르면서 자기 좀 도와달라고 하면 어떻게 해야 하지?"와 같은 질문을 하며 말이다. 대답은 모두 "안 돼요"라고 말한 다음 멀리 떨어진다는 것이어야 한다.

자녀가 부모의 말을 충분히 알아들을 수 있는 나이가 되면, "잘 일어나지는 않지만, 어른이 아이를 다치게 하려는 경우도 있단다. 만일 누가 너를 데려가려고 하면 크게 고함을 지르고 엄마 · 아빠나 아니면 주변의 다른 어른한테로 뛰어가렴" 하는 식으로 대처법을 가르쳐야 한다.

어떻게 말을 꺼낼지 몰라서 자녀에게 자기 방어법을 가르치는 것을 미뤄서는 안 된다. 아울러 자녀에게 낯선 어른이 자신을 해치려 할 때 대처하는 법을 가급적이면 밝고 재미나게 가르쳐야 한다. 이것을 모두 배우고 나면, 재미난 게임으로 마무리하거나 스스로 보호할 수 있을 만큼 성장한 것에 대해 칭찬해 줄 필요가 있다. 그리고 설명이 다 끝나면 어떠한 경우에도 자녀를 안전하게 지켜주겠다고 말해 준다.

바른 자녀 교육을 하는 현명한 부모가 되자

자녀의 행동이나 정서, 행복은 부모에 의해 좌우된다 해도 과언이 아니다. 이 책을 통해 당신은 자신이 가진 힘을 제대로 파악하고 활용하여, 이제 인생을 시작하는 자녀가 최상의 선택을 할 수 있게 가르치는 법을 알게 되었다. 현명한 부모란, 자녀에게 충분한 관심과 애정을 쏟으며, 친밀한 유대 관계를 유지하며, 대화로 가르칠 줄 알면서도, 자녀 교육에 대한 통제권을 잃지 않으며, 통제와 지지 사이에서 균형을 잃지 않고, 계획적인 자녀 교육의 단계를 밟아가며, 외부의 영향에 대한 감시의 눈초리를 늦추지 않는 부모이다.

그렇게 보면 부모란 이 세상에서 가장 바쁘고 중요한 직업인지도 모른다. 세상 모든 부모가 이 책을 활용하여 자녀들과 함께 행복한 삶을 누리기를 바란다. 하지만 잊지 말아야 할 것이 있다. 이 책에서 설명하고 있는 일곱 가지 기술들이 모두 균형을 이루어 제 기능을 다할 때 자녀 교육은 최상의 결과를 가져온다는 것이다.

아울러 좋은 부모가 되기 위해 당신이 지금껏 기울여 준 노력에 감사의 뜻을 표한다. 이런 노력은 당신의 자녀가 올바른 자아를 갖춘 한 사람의 성인으로 성장했을 때 비로소 결실을 맺을 것이다. 그리고 그렇게 자란 자녀들도 한 가정의 부모로 성장하게 될 것이다.

이 책의 내용 중 자녀 교육에 반드시 필요한 부분이나 깊이 공감한 부분은 표시해 두었다가 당신의 자녀가 부모가 된 후에 물려준다면, 세상 그 무엇과도 바꿀 수 없는 소중한 자산이 될 것이다.

연령별 아이들이
할 수 있는 것

이 표들은 아이들이 일반적으로 할 수 있는 것을 다루고 있습니다. 만일 당신이 아이에게 뭔가를 기대하고 있다면 이 표를 참고하시기 바랍니다. 여기서는 아이들이 할 수 있는 영역들을 의사소통 기술, 자조 기술, 사회적 기술, 집안 일 돕기로 나누어 설명하고 있습니다. 그리고 그 영역 아래에 각각의 항목들을 나열하였습니다.

이 표에서 검게 나타난 부분들은 아이들이 그 항목을 할 수 있는 연령대를 의미하고 있습니다. 그리고 만일 X라고 표시된 나이에도 그러한 항목을 실행하지 못한다면, 전문가와 상담해볼 것을 권합니다. 그리고 여기에 표시된 나이들은 만으로 표시된 것임을 알려 드립니다.

#	의사소통 기술	0	1	2	3	4	5	6	7	8	9	10	11	12	13	14	15	16	17
1	소리 나는 쪽으로 눈동자를 돌릴 수 있다.		X																
2	다른 사람이 내는 소리를 모방할 수 있다.		X																
3	한 단어를 말하고 이해할 수 있다.			X															
4	"안 돼"라는 말을 이해할 수 있다.			X															
5	"뽀뽀해 줄래"와 같은 간단한 요구를 따른다.			X															
6	발음이 정확하지 않지만 이름이나 별명으로 친구나 형제자매들을 부를 수 있다.			X															
7	신체부위를 정확하게 가리킬 수 있다.				X														
8	발음이 완벽하지 않더라도 한 단어 또는 두 단어를 말할 수 있다.				X														
9	사건을 정확하고 상세하게 묘사할 수 있다.						X												
10	간단한 농담이나 쇼를 할 수 있다.						X												
11	노래 없이도 모든 알파벳을 외울 수 있다.							X											
12	자신의 이름을 읽기 쉽게 쓸 수 있다.								X										
13	말해 주지 않아도 다른 사람이 화가 났다는 것을 알아챌 수 있다.								X										
14	전화를 받아 요청한 사람을 바꿔 줄 수 있다.								X										
15	집 전화번호를 정확하게 기억하고 있다.								X										
16	다른 사람의 이해를 돕기 위해 한 가지 이상의 방법으로 자신의 생각을 표현할 수 있다.								X										
17	15가지 정도의 간단한 단어들을 쓸 수 있다.									X									
18	간단한 목록을 순서대로 정리할 수 있다.									X									
19	스스로 책에 흥미를 가지고 읽는다.										X								
20	친구나 가족에게 전화를 걸 수 있다.											X							
21	낯선 사람에게 전화번호나 주소 등의 개인 정보를 함부로 말하지 않는다.												X						
22	단어 뜻을 알아보기 위해 사전 등을 사용한다.												X						
23	네 가지 단계가 있는 명령을 수행한다(밖에 나가서 장난감을 가지고 와라. 그런 다음 쓰레기를 줍고 그것을 버려라).												X						
24	인터넷 웹사이트에 접속할 수 있다.														X				
25	필요한 경우 필기체로 쓸 수 있다.														X				
26	장거리 번호까지 포함해서 전화번호를 보고 전화를 걸 수 있다.														X				
27	피자나 자장면 주문 등 필요한 경우에 낯선 사람과 통화를 할 수 있다.																X		
28	복잡한 과제가 주어져도 차근차근 풀 수 있다(예: 수학 문제 풀기, 먼 곳을 찾아가기 등)																X		
29	핸드폰의 사용의 책임과 에티켓을 알고 있다.																		
30	인터넷 상에 개인정보를 함부로 노출하지 않는다.																		

자조 기술	0	1	2	3	4	5	6	7	8	9	10	11	12	13	14	15	16	17
1 입을 벌려 음식을 받아 먹는다.		X																
2 단단한 음식(고형식)을 먹는다.			X															
3 뜨거운 것이 위험하다는 것을 이해한다.			X															
4 기저귀가 젖으면 말이나 행동으로 불편함을 표현한다.			X															
5 가급적 흘리지 않고 스스로 숟가락을 사용해서 먹는다.				X														
6 유아용 변기나 화장실에서 대소변을 본다.					X													
7 자는 동안 속옷에 대변을 보지 않는다.						X												
8 자는 동안 속옷에 소변을 보지 않는다.												X						
9 배변 후에 엉덩이를 닦는다.								X										
10 단추, 스냅 및 지퍼를 잠글 수 있다.								X										
11 차에 타면 안전밸트를 착용한다.									X									
12 다른 사람의 도움 없이 구두끈을 묶을 수 있다.										X								
13 머리를 감고 말리는 것을 포함해 목욕이나 샤워를 할 수 있다.											X							
14 날씨를 이해하고 날씨에 맞춰 옷을 입을 수 있다.												X						
15 내준 숙제를 상기해 숙제를 마칠 수 있다.												X						
16 전자시계의 도움 없이도 5분 간격의 시간을 말할 수 있다(1시간 기준으로 5분 또는 10분 후를 말할 수 있다).													X					
17 난로와 전자레인지를 혼자서 사용할 수 있다.																X		
18 기본적인 집안 청소를 할 수 있다.																X		
19 손톱과 발톱 관리를 할 수 있다.																X		
20 작은 상처에 밴드를 붙이거나 온도계를 읽는 등의 건강 관리를 스스로 할 수 있다.																X		
21 혼자서 숙제를 할 수 있다.																	X	
22 정기적으로 주는 용돈을 관리할 수 있다.																		
23 미래의 소비에 대비해 저축한다.																		
24 수표를 관리할 수 있다.																		
25 시간 엄수나 유니폼 착용 등과 같이 일에 따른 책임감을 가진다.																		
26 신용카드를 책임감 있게 사용할 수 있다.																		

#	집안 일 돕기	0	1	2	3	4	5	6	7	8	9	10	11	12	13	14	15	16	17
1	"책을 가져다 주겠니?"와 같은 간단한 한 가지 요구를 수행할 수 있다.			X															
2	"종이를 주워서 휴지통에 버려주겠니?"와 같은 간단한 두 가지 요구를 수행할 수 있다.				X														
3	"신발을 신고 엄마 외투도 가져다 주겠니?"와 같은 전혀 다른 두 가지 요구를 수행할 수 있다.							X											
4	"숙제를 마치고 상을 차린 후에, 강아지의 먹이를 챙겨주겠니?"와 같은 조금 복잡한 세 가지 과업을 수행할 수 있다.												X						
5	가끔씩 접시 등을 깨는 실수를 하지만 저녁 식사 후 테이블을 치울 수 있다.							X											
6	수건을 가지고 접시를 닦을 수 있다.								X										
7	집에 있는 쓰레기통을 비우고 쓰레기 수거장으로 가져갈 수 있다.									X									
8	어른처럼 능숙하지는 않지만 침대를 스스로 정리정돈 할 수 있다.									X									
9	식기세척기에 접시 등을 넣을 수 있다.										X								
10	세탁물이 더럽거나 혹은 청결한 지 말할 수 있다.										X								
11	도움 없이도 바닥을 빗자루 또는 진공 청소기로 청소할 수 있다.											X							
12	혼자서 애완동물을 먹이고 씻길 수 있다.												X						
13	목욕탕을 혼자서 청소할 수 있다.													X					
14	부엌을 혼자서 청소할 수 있다.													X					
15	화분에 물을 줄 수 있다.														X				
16	자기 방을 스스로 정리정돈 할 수 있다.															X			
17	세탁 방식에 맞게 세탁기를 돌리나 건조기를 사용할 수 있다.																X		
18	집에 어른이 계셔도 바쁠 때는 어린 동생을 한 시간 정도 보살필 수 있다.																	X	
19	부모님이 없이도 두 시간 정도는 아이를 보살필 수 있다.																	X	
20	혼자서 음식을 만들어 먹을 수 있다.																		
21	걷거나 자전거 또는 차를 가지고 간단한 심부름(예: 우유 사오기, 우체국 가기)을 할 수 있다.																		
21	차를 적절하게 관리할 수 있다(예: 오일교환, 가스충전 등)																		

	사회적 기술	0	1	2	3	4	5	6	7	8	9	10	11	12	13	14	15	16	17
1	주된 양육자에게 관심을 보인다.		X																
2	뽀뽀나 껴안기로 타인에게 관심을 보인다.		X																
3	타인의 행동이나 장난감 등에 관심을 보인다.			X															
4	왜 웃는지 몰라도 다른 사람을 따라 웃는다.				X														
5	주된 양육자를 기쁘게 해주고 싶어 한다.					X													
6	가상놀이를 한다.					X													
7	소수의 놀이 친구를 선호한다.					X													
8	자신이 느끼는 행복감, 슬픔 또는 두려움을 말할 수 있다.					X													
9	종종 자발적으로 자신의 장난감이나 물건들을 다른 친구들과 공유한다.							X											
10	주된 양육자에게 감사함을 표시할 수 있다.							X											
11	주변에 또래가 있으면 혼자 놀기보다는 함께 놀기를 좋아한다.							X											
12	간단한 놀이의 규칙을 이해하고 따른다.							X											
13	잘못된 행동에 대해 사과한다.							X											
14	어린이집 또는 학교의 규칙을 따른다.								X										
15	새로운 친구와 인사할 때 "안녕"하고 말하거나 악수를 청하는 등 친절하게 행동한다.									X									
16	"실례합니다"와 "감사합니다"를 적절하게 사용할 수 있다.									X									
17	부모님께 "사랑합니다"라고 깜짝 고백을 하기도 한다.									X									
18	가족이나 친구를 위해 작은 선물을 준비하기도 한다.										X								
19	"좋은 비밀"은 하루 이상 보안을 유지한다.										X								
20	빌린 책이나 장난감 등을 스스로 주인에게 되돌려 준다.											X							
21	"너 아주 뚱뚱해 보이는구나"와 같이 다른 사람을 당황스럽게 하는 말을 자제한다.												X						
22	식당에서 음식을 주문하고 식사예절을 지킬 수 있다.													X					
23	어떻게 대처해야 할지는 잘 모르지만, 다른 아이가 자신을 속이고 있다는 사실을 알아챌 수 있다.														X				
24	광고가 항상 진실만을 말하는 것은 아니라는 것을 이해한다.															X			
25	행동하기 전에 자신의 행동에 따른 결과에 대해 먼저 생각한다.															X			
26	다른 사람들이 관심을 가질 만한 것에 대해 대화를 시작하려고 노력한다.															X			

	사회적 기술	0	1	2	3	4	5	6	7	8	9	10	11	12	13	14	15	16	17
27	학교 등하교를 포함해서 무언가를 함께 하는 친구가 두 명 이상 된다.															X			
28	다른 사람이 도움을 요청하면, 도움을 주고자 노력한다.															X			
29	의미있는 사람들의 생일을 기억한다.																X		
30	성 정체감을 인식한다.																		
31	친구들과 함께 어울리며 데이트를 즐긴다.																		
32	둘이서만 데이트를 하고 싶어한다.